珠宝手绘设计

潘焱 李慧梅 著

Zhubao Shouhui Sheji

中国地质大学出版社

内容提要

本书结合珠宝首饰设计大赛的经典案例，对珠宝手绘设计基础、宝石手绘表现技法、标准设计图和水粉效果图绘画技法、珠宝设计与手绘流程进行了分步骤的详细讲解，并且展示了极具代表性的珠宝材质手绘作品和中国优秀设计师原创手稿作品。本书既可用作珠宝设计专业的教材，又可用作珠宝设计爱好者的自学读本。

图书在版编目(CIP)数据

珠宝手绘设计/潘焱，李慧梅著．—武汉：中国地质大学出版社，2014.6
(2021.8重印)
ISBN 978-7-5625-3371-9

Ⅰ．①珠…
Ⅱ．①潘…②李…
Ⅲ．①宝石-设计-绘画技法
Ⅳ．①TS934.3

中国版本图书馆CIP数据核字(2014)第104823号

珠宝手绘设计 潘　焱　李慧梅　著

责任编辑：彭　琳　选题策划：张　琰　责任校对：张咏梅

出版发行：中国地质大学出版社(武汉市洪山区鲁磨路388号)　邮编：430074
电　话：(027)67883511　传　真：(027)67883580　E-mail:cbb@cug.edu.cn
经　销：全国新华书店　Http://www.cugp.cug.edu.cn

开本：787毫米×1 092毫米　1/16　字数：298千字　印张：11.625
版次：2014年6月第1版　印次：2021年8月第5次印刷
印刷：武汉市乐业生印务有限公司　印数：8001—10000册

ISBN 978-7-5625-3371-9　定价：68.00元

前　言

珠宝设计是一门包含了艺术美学、工艺生产、人体工程学和商业设计等知识的综合性学科。设计是一个思维创作的活动过程，是理性和感性思维的碰撞。设计师要用感性思维感悟生活，从大自然中吸取养分和灵感，而当拥有了灵感的火花时就要开始用理性思维进行人为设计。要考虑客户需求、艺术审美、制作工艺、商业价值等才能设计出既有艺术美又适合佩戴的珠宝首饰，这需要设计师有非常好的艺术修养和丰富的实战经验。所以有人认为珠宝设计师是“戴着镣铐跳舞的艺术家”。只有把感性的设计和理性的经验巧妙地融合在一起，才能引起人们共鸣，才能真正成为经典。

下面将简述作为一名合格的设计师应该具备的素质。

第一，夯实美学基础。

要想从事设计这个职业，必须要有扎实的美术功底和艺术修养。只有打好了基础才有可能做好设计工作，才能在未来设计出属于自己的一片天空。

第二，积累社会经验。

刚走入社会的设计师，往往内心充满着憧憬，但是有机会上岗操作时又满脑空白，对于设计一点思绪都没有，或者只追求设计的新、奇、怪，但是得不到客户的认可。究其原因在于：设计经验不足，导致其表现方式有限或不是最有效的；跟客户沟通少，难以全面理解客户需求。最可怕的是，这些设计新人一味追求形式感导致脱离市场。因此，设计新人常常需要进行反思，以便积累经验。

第三，激发创意思维。

客户是上帝。通过几年时间的磨炼，一些设计师能渐渐摸索出一套应对客户的有效方法，这就是我们俗称的“套路模式”。不过，有上进心的设计师往往不断地激发自己的灵感和创意——这其实只是成为优秀设计师的开始阶段。只有多多提炼自己的创意并与市场尽快融合，才能使创意在经验中得到成长，从而丰富、活跃自己的思维。激发创意的最好方法就是行动起来，多思考。

第四，寻求个性再现。

唯命是从的设计师是没有个性的。要想成为优秀的设计师，就必须让自己的作品充满个性，无论你的设计表现方式是张扬、含蓄，还是色彩绚丽等。与众不同必会让别人眼前一亮，让别人发现你的作品，承认你的价值。

第五，创造完美价值。

好的设计师应该善于利用材料，创造效果，在客户充分信任下支配成本，在心情完全放松的前提下让作品得到升华，从而获得客户认可。

第六，提升综合能力。

在设计的过程中往往会遇到思维“瓶颈”，这就需要设计师学习更多的知识来突破自己，理性地吸收新的知识和文化，并将其转换成设计语言。建议多读“杂书”并研习艺术理论，要知道任何一种文化的存在都有它的道理。

第七，策划先于设计。

要想成为一名优秀的设计师，光有良好的设计基础和丰富的学识是不够的，必须学会合理调度、运用各种元素，必须在设计之前先预估设计的结果（包括市场的反响、效益、连带关系、后续进展等）。好的设计师必须能开发市场、驾驭市场、引导市场——这需要很好的策划作为前提，并且要会在市场运作中调整策划方向。

第八，懂得品味生活。

优秀的设计师一定是懂得生活、有品位的人，他明白在烦恼时用舒缓的音乐来迷醉自己；穿衣服有自己品位，不会盲目追求潮流，更不会不修边幅地让人侧目；偶尔会喝醉，因为澎湃的激情需要释放；会站在海边迎风呼吸海的味道，会静静地聆听大自然的声音……

第九，证明自己能力。

在自己羽翼逐渐丰满起来的时候，就应当证明自己的真正实力，多参加一些大型的策划、设计项目，多参加一些国内、国际比赛，多与业内精英交流，多看别人的作品并反思自己的不足（与高手过招，才能发现自己的弱点）。

第十，道德唯一标准。

任何一个设计师不论置身何处，口碑是最重要的，良好的修养直接可以反映在其作品中。要想得到别人的尊重首先必须学会以德服人。

目 录

第一章

珠宝手绘设计基础

本章首语

一张好的创意设计图稿可以代表一个设计师的风格，这是设计师个性和内涵的表现。为什么说只要一看手稿就知道是出自哪位设计师之手，因为手稿是设计师自身的绘画艺术风格的展现形式。这个世界永远没有两个完全一样的人，既然上帝造就了一个独一无二的你，那么你的性格、习惯、爱好、文化修养等的不同通过你的作品传递给人的感受也是不一样的。所以要在学习和掌握好基本的绘画技法的同时慢慢发现自己的特点并将其放大，成为自己的核心优势，这样才能逐渐形成自己独有的风格。

要成为好的设计师，首先要有良好的美术基础和绘画功底，这样，才能把心中所思所想通过绘画技法表现出来。即通过绘图技法把抽象的灵感概念清晰地表现出来，然后画出标准的、可制作的设计工艺图，接着就按照生产流程（打样→出蜡→倒模→执模→镶嵌→抛光→电金）制出成品。所以绘画对于初学的设计师而言，是一门必修课。只有掌握了绘画/绘图技法，才能把创意准确无误地表达出来，让工艺师和客户能看明白你的设计理念和工艺制作。

第一节　珠宝绘图工具介绍

一、绘图模版及直尺

常用的绘图模版有圆形、蛋形、方形、心形、祖母绿形等，主要用来绘画宝石形状。

直尺主要用来在构图中画直线、量尺寸、画标准的设计工艺图等。

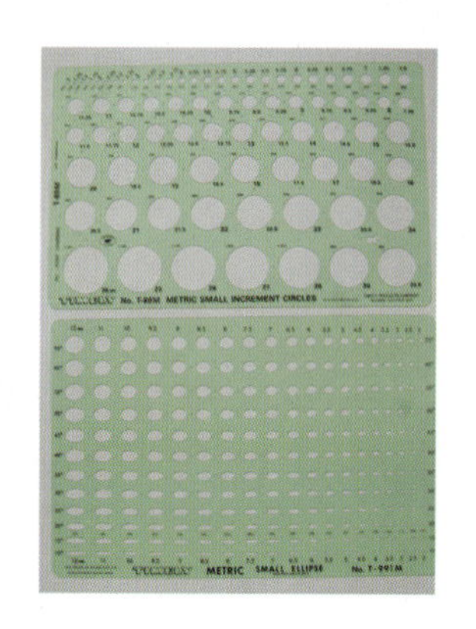

二、绘图铅笔

绘图铅笔主要用来勾设计草图，用其绘制的线条粗细自如、方便实用。其中，H～4H属于硬铅，由于其笔芯较硬，适合绘画清晰的线描图，但不易修改和擦拭；B～6B属于软铅，由于其笔芯较软，适合构思草图和速写用，容易修改和擦拭。

一般画标准的商业设计工艺图都会使用彩色铅笔（简称"彩铅"）。彩铅有两种：一种是油性彩铅，另一种是水溶性彩铅。可根据不同的绘画技法，选择不同性质的彩铅。

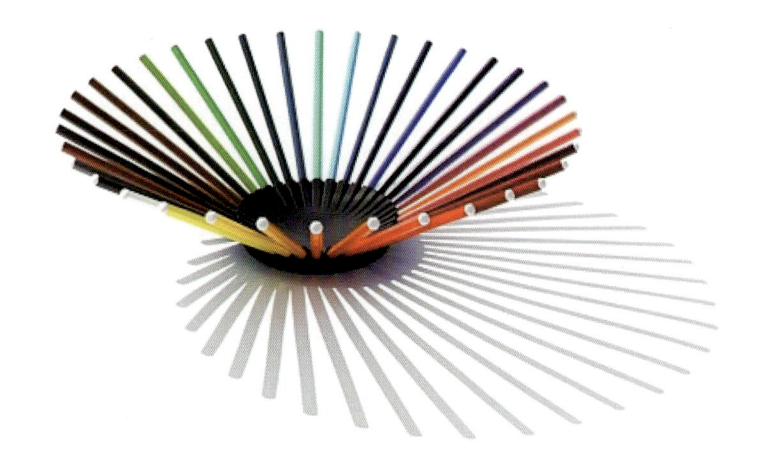

三、自动铅笔

自动铅笔的笔芯很细，主要用来勾画正稿，用其绘制的线条简单清晰、细致精确。常用的自动铅笔直径为0.3mm和0.5mm。也有软芯和硬芯之分，可根据不同的绘画要求自主选择。

四、勾线笔

一般在最终定稿时要使用勾线笔，用勾线笔描绘出的首饰造型线条简单清晰、干净准确。现在设计师常用的勾线笔有直径为 0.1mm 的针管笔、直径为 0.18mm 的勾线笔和直径为 0.38mm 的圆珠笔。

五、水彩笔

水彩笔主要用于给完成的正稿上色。由于水彩笔颜色丰富、色彩鲜艳而且着色方便，现在广泛适用于商业设计绘图中。水彩笔也被分为水性和油性两种。

六、毛笔

毛笔结合颜料主要用于表现绘画艺术的创意效果。常用的毛笔有勾线笔、线描笔、狼毫、小白云等。

七、颜料

水粉颜料主要用于表现绘画艺术的创意效果。其颜色丰富多彩，使用者可以进行自由调色，因此，非常实用。一般多在黑卡纸或水纹纸上绘画时需要用到颜料。用颜料绘制的图效果逼真、立体感强。主要被分为水粉颜料和水彩颜料两种。

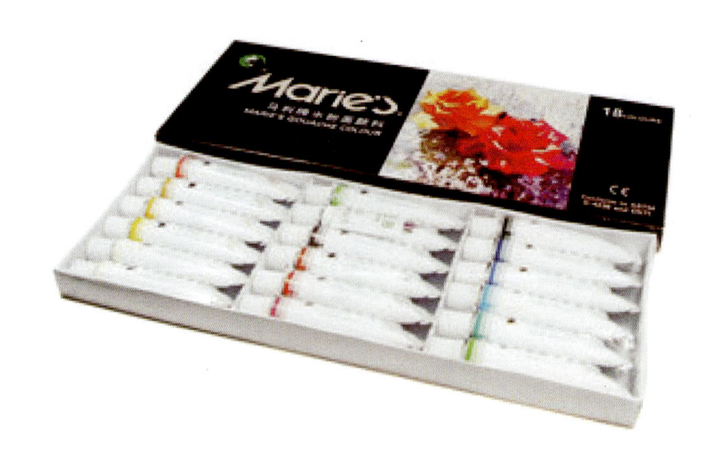

八、绘图纸

常用的绘图纸有白色的复印纸，水纹纸，皮纹纸，黑、灰卡纸等。其中，白色的复印纸主要用来绘画常规的商业首饰标准设计图稿，水纹纸和黑卡纸主要用来绘画高级珠宝或艺术创意效果图。

九、可塑橡皮擦和绘图橡皮擦

可塑橡皮擦和绘图橡皮擦主要是用来擦拭铅笔设计稿上的错误，前者是软橡皮，后者是硬橡皮。

十、游标卡尺

游标卡尺主要用来测量宝石规格和首饰图纸的尺寸，其测量精度高，是设计师设计绘图中常用的工具之一。

第二节 手绘设计基本功练习

学习手绘设计基本功就好比学功夫要扎好马步，小孩子学走路一样。没有一个人一出生就会走（跑），都要从最基础的开始学习，才能每天进步一点点。因此，初学者一定要坚持每天练习，等打好了坚实的基础后才能开始学习设计。所以说，练习基本功是学习珠宝手绘设计的必修课。

一、线条基本功练习

1.直线基础练习

刚开始学习手绘设计时，建议用素描铅笔练习，因为素描铅笔画线条时，轻、重、粗、细可以随着自己的画法改变，而且修改也很方便。

练习画直线时手握铅笔不宜过重，还要保持每条线之间的间距。

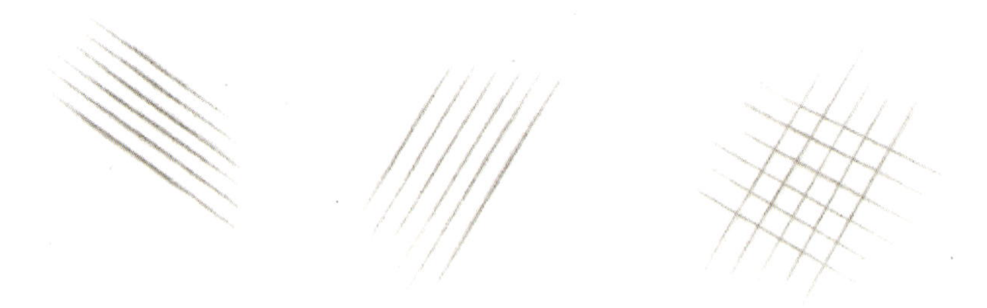

2.曲线基础练习

曲线画法和直线画法基本相同，只是随着曲线波浪纹的不同，要保持线条之间间距以及注意曲线转折端下笔的轻重问题。

3.简单叶子形练习

叶子曲线造型是练习绘制曲线基本功最常用的曲线造型之一,十分简单易学。

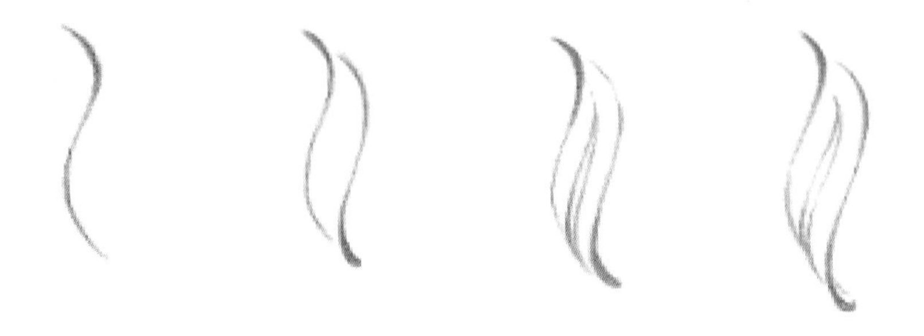

4.丝带曲线练习

丝带曲线练习也是练习绘制曲线基本功常用的曲线造型之一。练习画丝带时一定要注意线条的虚实和下笔时的轻重。

二、圆形基本功练习

1.椭圆造型练习

将线条基本功练到一定的水平之后就可开始练习画椭圆形,因为圆形在珠宝手绘中最常被用到，而且画圆形也是最考验功底的一种方法。只要能将圆形画好，画其他的图形基本都不是问题了。大画家达·芬奇学习画蛋都用了三年，可想而知，练习画椭圆是多么重要。

因为从不同角度倾斜椭圆具有不同的形状，我们就先从倾斜 30°的椭圆开始练习（注意：练习画椭圆时一定要将其一笔画完，中间不能有停顿或者复笔）。

2.椭圆造型练习

练习画好倾斜 30°的椭圆形后可以慢慢练习其他角度的椭圆形，对所画的椭圆不要求每一个都一模一样。

3.正圆的造型练习

等将椭圆造型练习到一定水平之后，我们就要开始练习画正圆形了。正圆是所有几何造型中最难画好的造型，如果我们把正圆画好了，那画其他的图形就没有什么问题了。

4.圆的透视练习

等把所有的圆形造型都学会之后就可以学习圆的透视原理，因为在珠宝手绘设计中经常要用到圆的透视原理，如镶嵌宝石的透视效果和圆形造型的透视效果等。只有学习和了解了圆的透视原理并将其运用到绘画过程中，设计出的首饰造型才会更加立体。

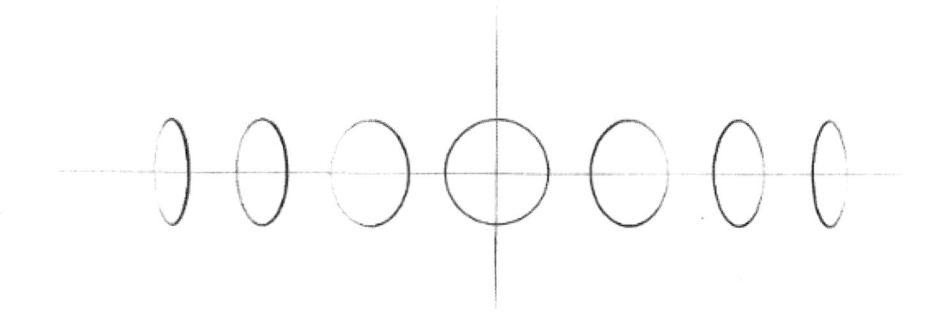

三、金属面肌理效果练习

练习金属面画法最关键的是金属质感的表现技法。金属质感是首饰设计中最常见的视觉特征，如表面是细腻还是粗糙、光亮度的高和低、平面和凹凸面的区别。工艺铸造的肌理效果是表现绘画金属质感要注意的细节。

金属面分为三种：平面金属面、凸面金属面和凹面金属面。金属面种类不同，所呈现的明暗交界线和表现技法也有所不同。只有设计师画好了想要表达的金属面，工艺师才能将其按预期的效果表现出来。

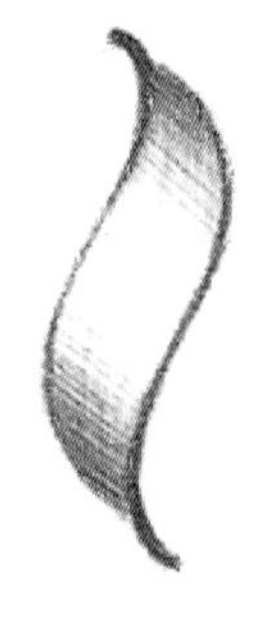

平面效果

凸面效果

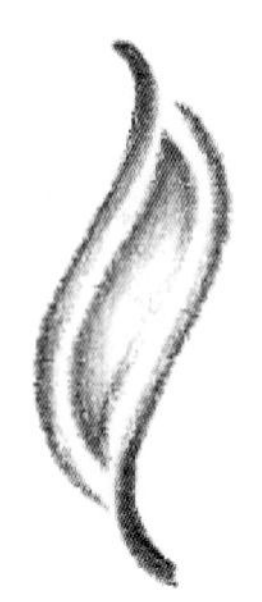

凹面效果

利用不同工艺铸造出来的金属面，其所呈现的肌理效果也有所不同。以下是按照行业最常用的几种工艺铸造出的金属肌理效果。

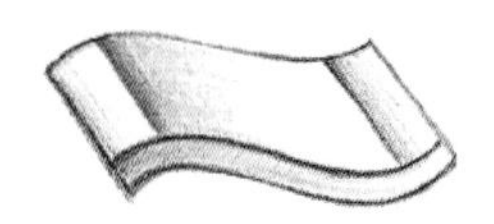

光面效果

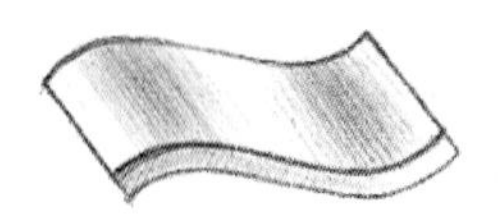

拉丝效果

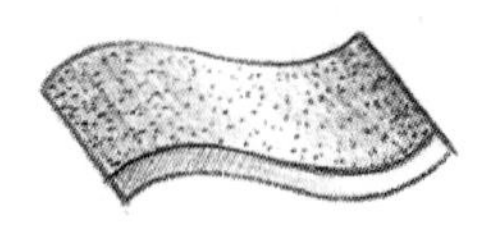

喷砂效果

第三节　珠宝首饰的着色方法

首饰的着色方法主要有两种：彩色铅笔着色、水粉着色。

彩色铅笔着色，即彩铅绘画技法，比较容易掌握，而且绘画方便快捷，现已广泛地用于商业首饰设计绘图中。

在使用彩色铅笔绘画时，要使线条均匀一致且有层次，着色一次后如果觉得色调太浅，可重复上色。着色可以省略不必涂色的部分或仅对其轻涂一层，再用较深的近似色画出明显的轮廓。

水粉着色，即水粉绘画技法相对比彩铅技法要难一点，而且所花时间也会多些，但是所绘效果逼真、有艺术感。水粉着色一般用于绘画艺术珠宝效果图或高级珠宝定制图。

水粉颜料是带粉质的颜料，和水彩不同，水粉颜料在湿时其色彩饱和度较高，但在干后色彩容易变暗。初学者在学习掌握水粉技法时一定要注意水分和颜料之间的配比。水粉画色彩明度的高低是由白颜料的多少决定的，所以在学习水粉绘画技法时一定要多画、多调色，这样，才能慢慢地掌握水粉着色。

一、金属叶彩铅着色技法

1.银白色着色方法

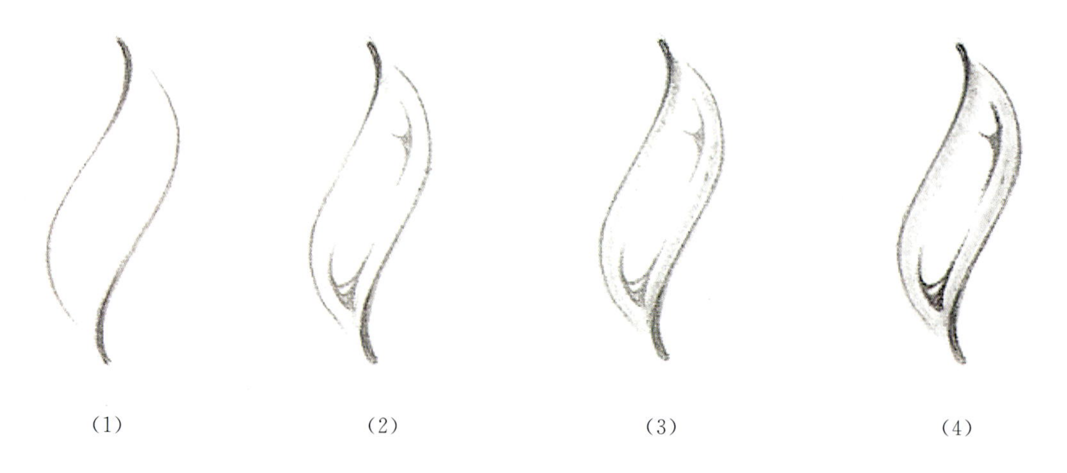

(1)　　(2)　　(3)　　(4)

(1)先在白纸上画出简单的叶子造型，使用针管笔勾线。

(2)然后用铅笔勾画出金属的明暗交界线。

(3)再用银灰色彩铅打上淡淡的阴影效果。

(4)最后用黑色圆珠笔勾画好明暗交界线，再用银灰色彩铅使晕色慢慢地过渡，增强金属质感。

2.黄金效果着色方法

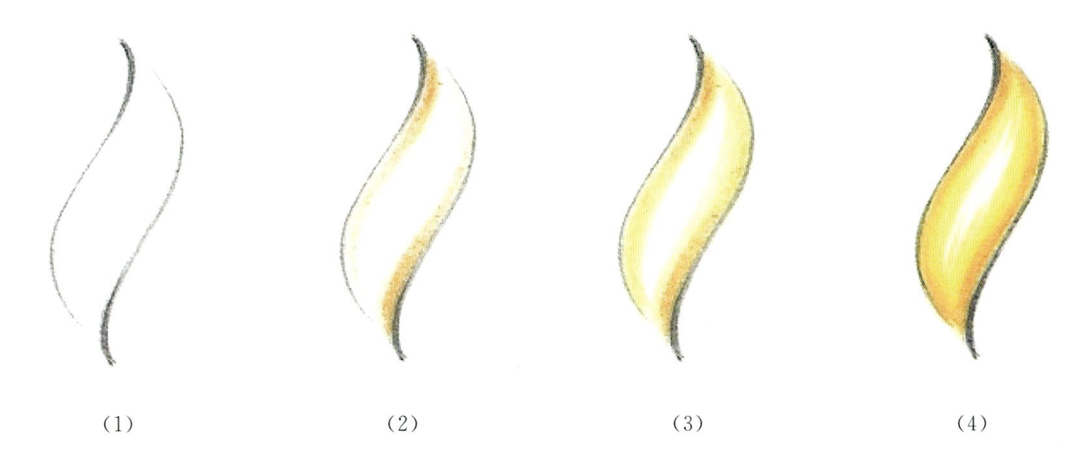

（1）　　（2）　　（3）　　（4）

（1）先在白纸上画出简单的叶子造型，使用针管笔勾线。

（2）然后用土黄色彩铅画出阴影效果。

（3）再用中黄色彩铅给阴影效果慢慢着色。

（4）最后用柠檬黄彩铅晕色，中间留出白色部分作为高光面。

3.玫瑰金效果着色方法

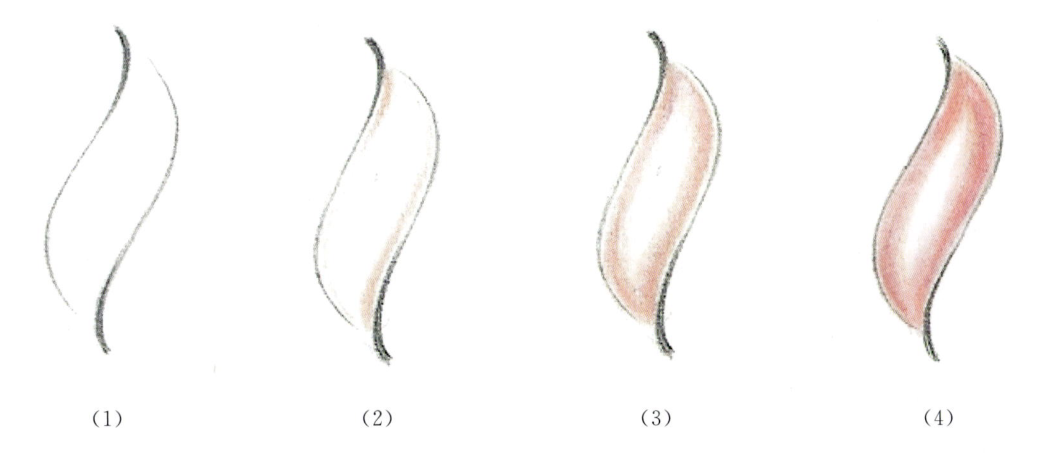

（1）　　（2）　　（3）　　（4）

（1）先在白纸上画出简单的叶子造型，使用针管笔勾线。

（2）然后用玫瑰红色彩铅画出阴影效果。

（3）再慢慢加深着色晕染效果。

（4）最后用粉红色彩铅晕色，中间留出白色部分作为高光面。

二、金属叶水粉着色技法

1.铂金效果着色方法

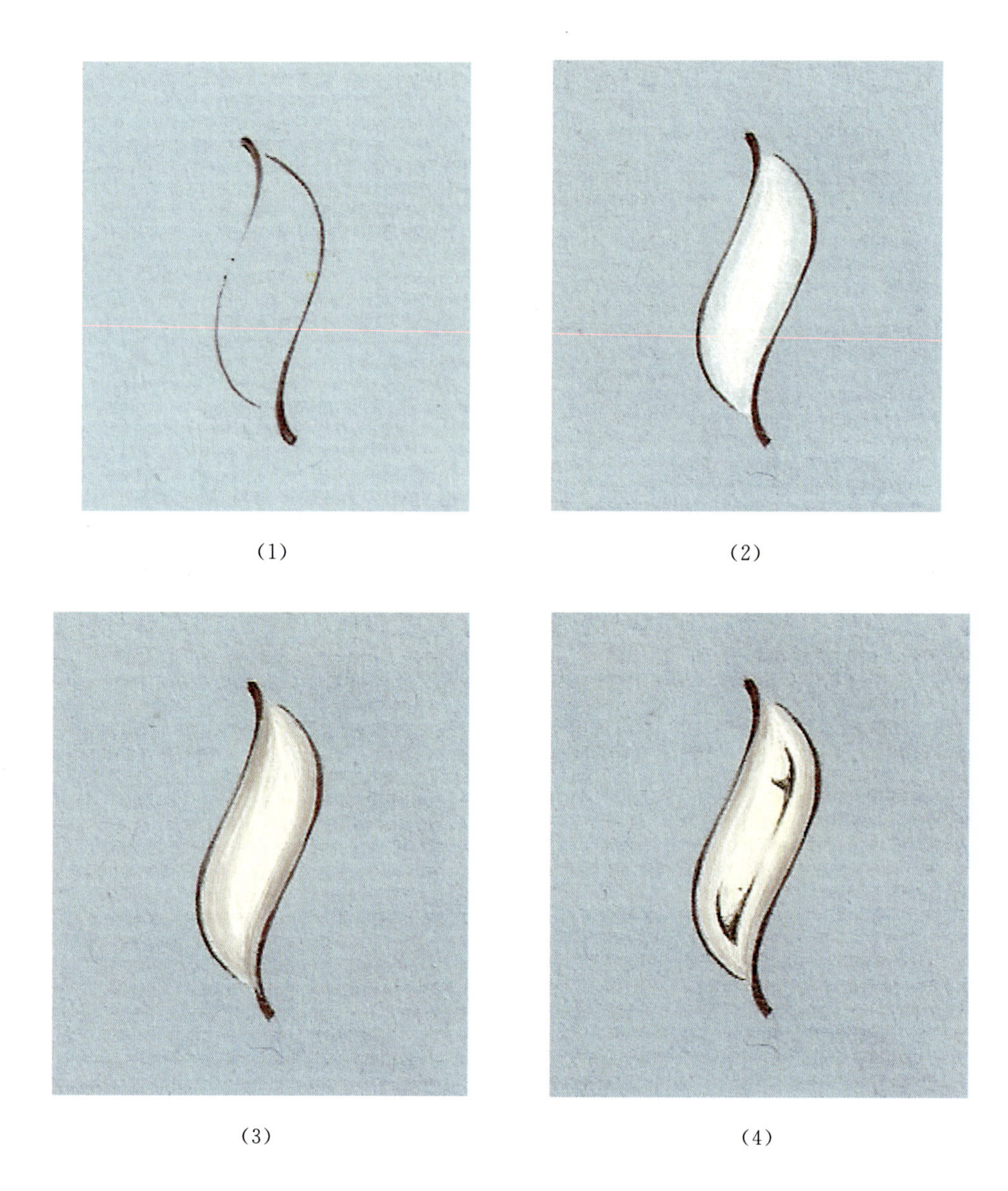

(1)　　(2)

(3)　　(4)

(1)先在水纹纸上画出简单的叶子造型，使用针管笔勾线。

(2)然后用白色颜料涂上一层底色。

(3)再用灰色颜料打上阴影效果，然后让晕色慢慢地过渡。

(4)最后在高光处提亮色调，画出金属的明暗交界线。

2.黄金效果着色方法

(1)　　　　(2)

(3)　　　　(4)

(1)先在水纹纸上画出简单的叶子造型,使用针管笔勾线。

(2)然后用土黄色颜料涂上一层底色。

(3)再用褐色颜料打上阴影效果,然后慢慢地向中间晕色。

(4)最后用中黄色颜料提亮色调,高光处用白颜料晕色。

3.玫瑰金效果着色方法

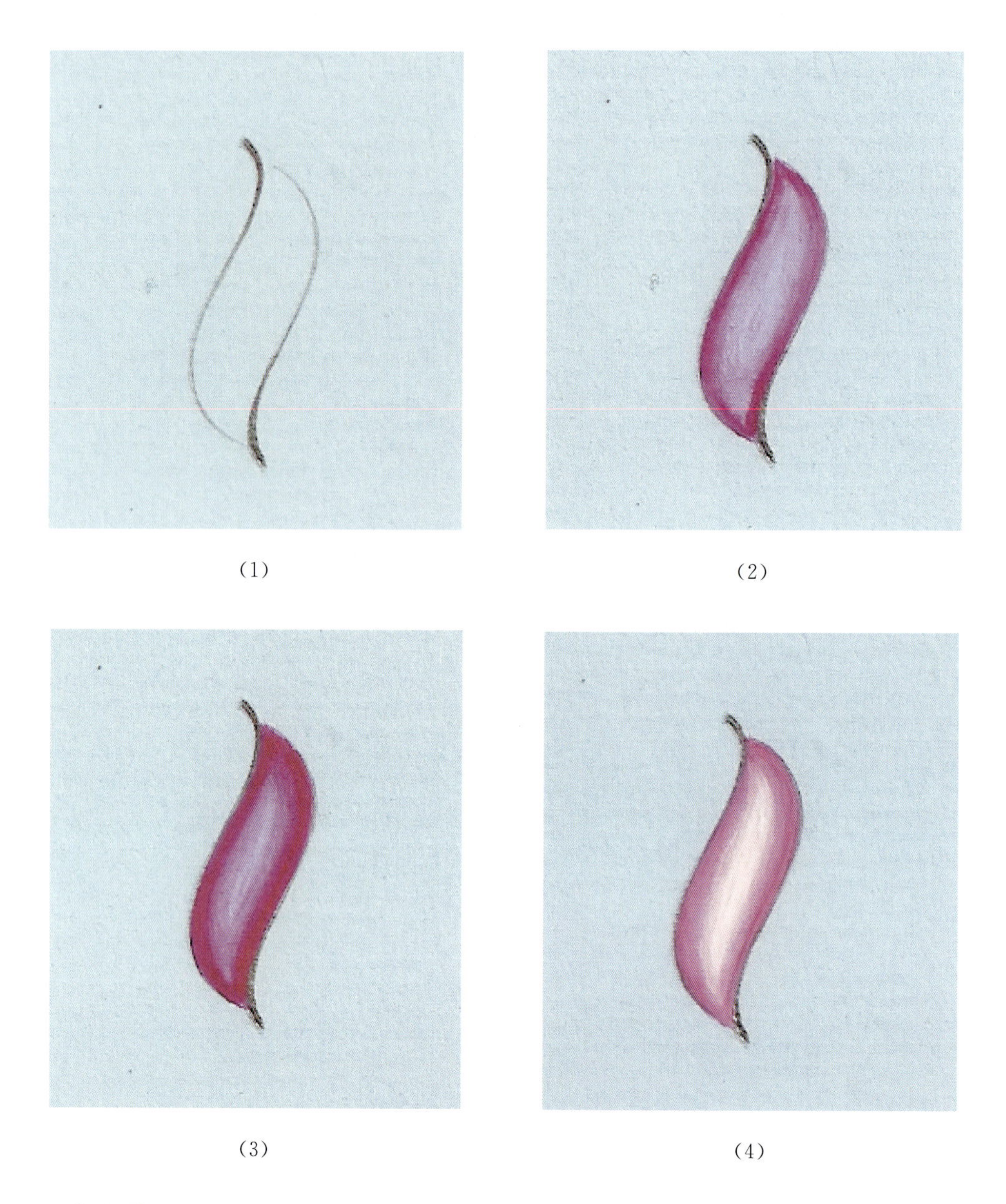

(1)　　　　(2)

(3)　　　　(4)

(1)先在水纹纸上画出简单的叶子造型,使用针管笔勾线。

(2)然后用玫瑰红色颜料涂上一层底色。

(3)再用玫瑰红色颜料打上阴影效果,然后慢慢地向中间晕色。

(4)最后用粉红色颜料提亮色调,高光处用白颜料晕色。

第四节　学习绘画首饰三视图和立体图

三视图最早被应用于建筑制图和工业制图中,其目的是全方位地展示设计物体的形态,让施工人员能准确地理解设计师的意图，使设计方案和制作出的实物基本一致。学习绘画标准的首饰三视图是学习珠宝手绘设计必须掌握的技能之一，能锻炼设计师的立体构图思维。

一、三视图的构成

目前，首饰设计三视图常用的制图方式以电脑绘图和手绘为主，无论用哪一种方式来表现，都要遵循统一的标准。

1.构图

构图是指将最能体现首饰特色与花纹的一面作为主视图，并将正视图与左视图放在主视图下面。

2.比例

比例是指图样中的尺寸长度与实物实际尺寸按照 1∶1 绘制三视图首饰。这样既便于看图纸与实物比例的大小，也便于估价和生产。

3.绘图原则

绘图原则是长对正、高平齐、宽相等。主视图与正视图都体现了形体的长度，且该长度在竖直方向上是正的，即“长对正”；正视图与侧视图都体现了形体的高度，且该高度在水平方向上是平齐的，即“高平齐”；侧视图与主视图都体现了形体的高度，且同一形体的宽度是相等的，即“宽相等”。

二、女戒三视图的画法

下面介绍女戒三视图的绘画步骤。

(1)首先用直径为 0.3mm 的自动铅笔在纸上定位并构图，画出三维坐标轴。三维坐标轴是画三视图常用的坐标轴，主要是测量作绘图的辅助线。然后大致勾勒出戒指三视图的轮廓(一定要注意戒指三视图的整体结构和透视关系)。

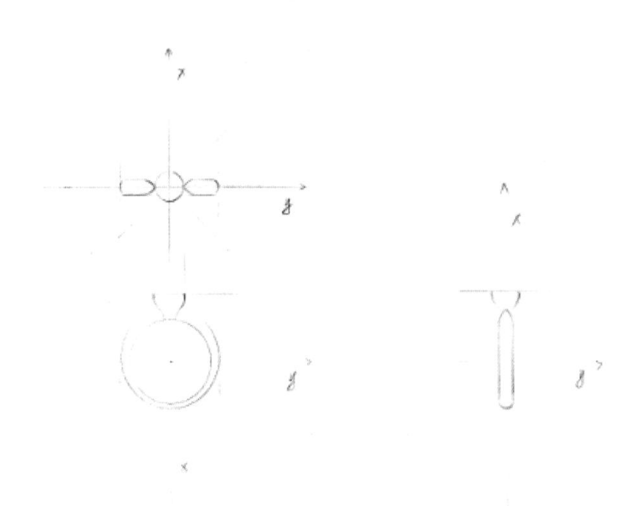

(2)勾勒好轮廓线之后，根据轮廓和辅助线画出爪形和镶口、戒臂和镶口之间的结构关系。

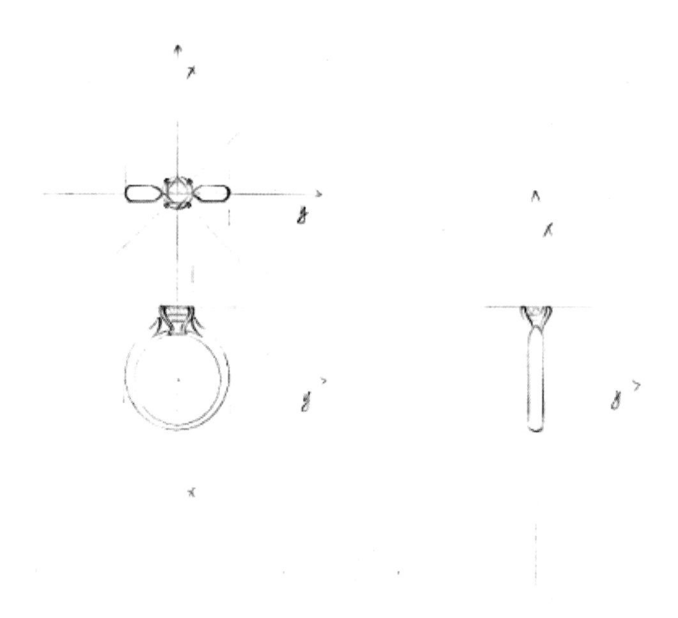

(3)等戒指的造型轮廓和镶口结构全部勾画清楚后，接下来就是要细画钻石的切割刻面和金属面的明暗交界线。这一步骤可以用直径为 0.3mm 的 HB 硬铅笔芯来画，因为用硬铅笔芯可以把金属和钻石的切割刻面画得很有质感，而且线条干净、清晰。

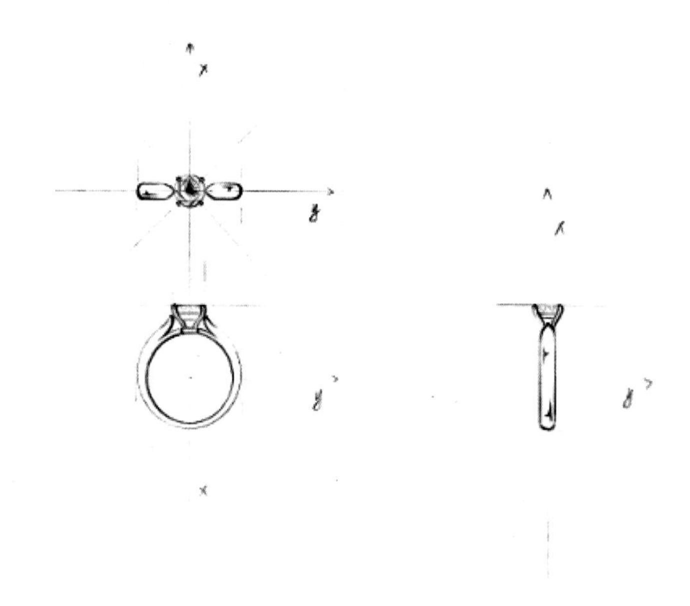

(4)等把戒指所有的造型结构和金属的明暗交界线画好之后，用直径为 0.1mm 的针管笔勾线(一定要精确地把细节勾画清楚并使线条干净、清晰)。然后用可塑橡皮轻轻地擦拭掉铅笔痕迹，最后用灰色水性笔上色，画出金属的阴影效果。这样，整个戒指看起来更加立体、逼真、有质感。

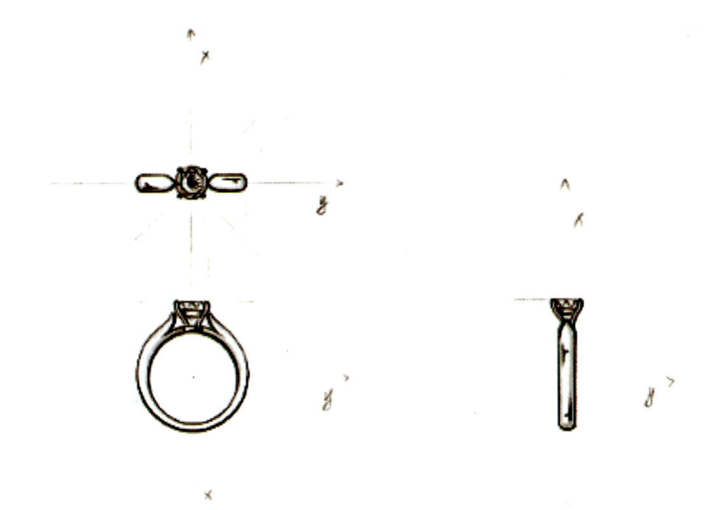

三、女戒立体图的画法

(1)首先用直径为 0.3mm 的自动铅笔在纸上定位并构图,画出三维坐标轴。三维坐标轴也是画立体图常用的坐标轴,有助于测量绘画立体图的透视辅助线。一般我们会画 45°戒指透视图,因为从这个角度绘出的戒指显得更加挺拔、立体。然后根据透视辅助线,用铅笔轻轻地勾出戒指的轮廓(画初稿时一定要注意戒指每个角度的透视关系,建议初学者多画些透视辅助线,这样能确保戒指不会显得变形)。

（2）将轮廓画好之后，根据透视辅助线绘画爪和戒指臂的透视关系。这一步骤很关键，只有把戒指的透视关系画标准了，立体图才不会显得变形或扭曲。

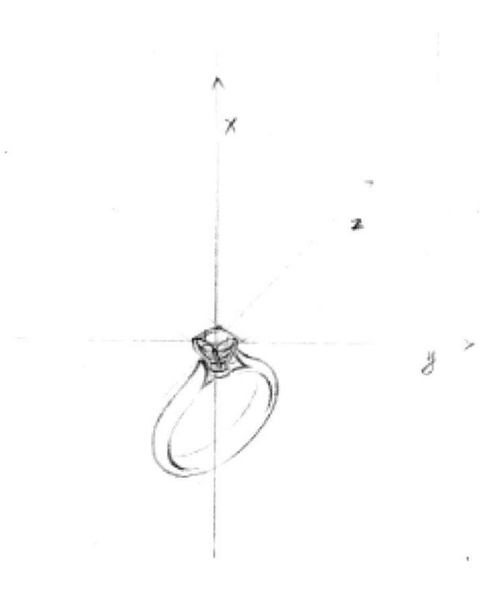

（3）等戒指的基本透视造型和细节透视画好之后就可开始绘画宝石的切割刻面和金属的明暗交界线。可以在戒臂之间画点淡淡的阴影效果。这一步骤同样建议用直径为0.3mm的HB硬铅笔芯来画。

（4）用铅笔画完全部的戒指透视图后开始用针管笔勾线（一定要很精确地把细节勾画清楚并使线条粗细有致，从而使戒指富有立体感）。接着用水性笔来表现戒指的阴影效果和金属质感。最后画出戒指的投影，这样，整个戒指显得更加立体、逼真。

四、男戒三视图的画法

(1)首先用直径为0.3mm的自动铅笔在纸上定位并构图，画出三维坐标轴。构图完毕之后勾勒出戒指三视图的轮廓(一定要注意戒指三视图的整体结构和透视关系)。

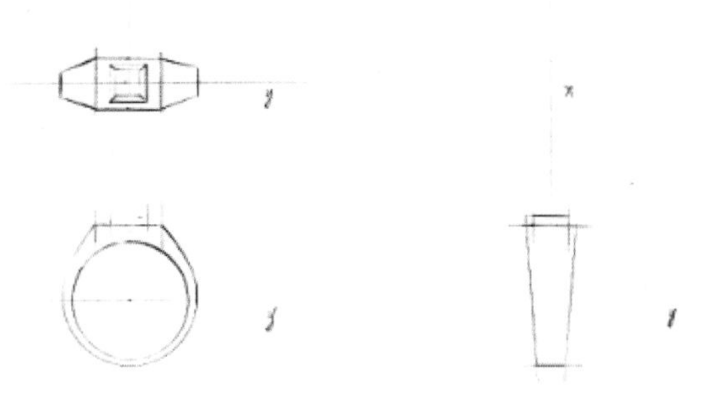

(2)勾勒好轮廓之后，根据大体轮廓和辅助线画出爪形和镶口、戒臂和镶口之间的结构关系。

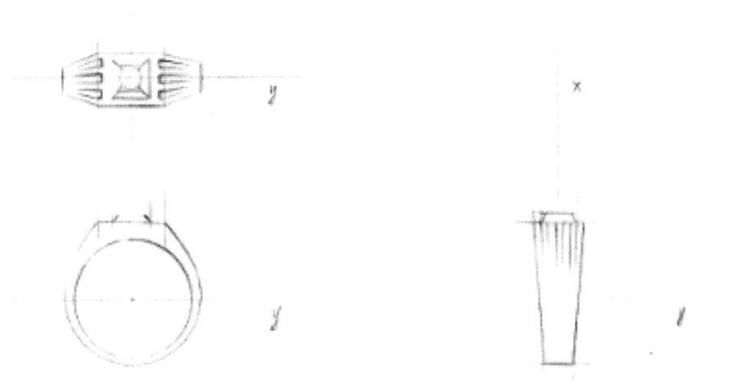

(3)将戒指的造型轮廓和镶口结构全部勾画清楚后，细画钻石的切割刻面和金属面的明暗交界线（同样用直径为0.3mm的HB硬铅笔芯来画）。

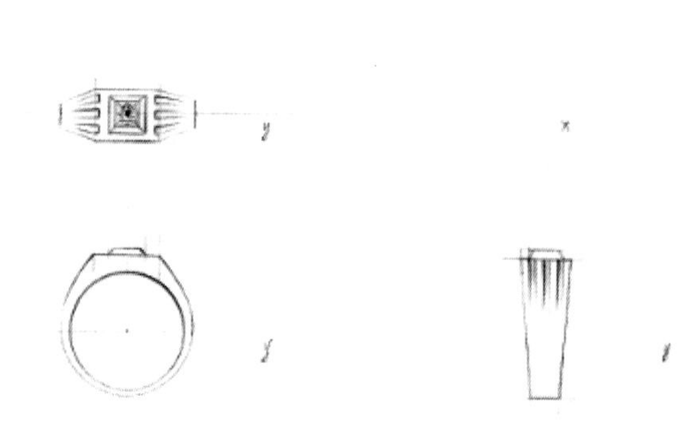

(4)用铅笔把戒指所有的造型结构和金属的明暗交界线画好之后，就开始用直径为0.1mm的针管笔勾线（要很精确地把细节勾画清楚，使线条干净、清晰）。然后用可塑橡皮擦轻轻地擦拭掉铅笔痕迹，擦完后用灰色的水性笔上色，画出金属的阴影效果。这样，整个戒指看起来显得更加立体、逼真、有质感。

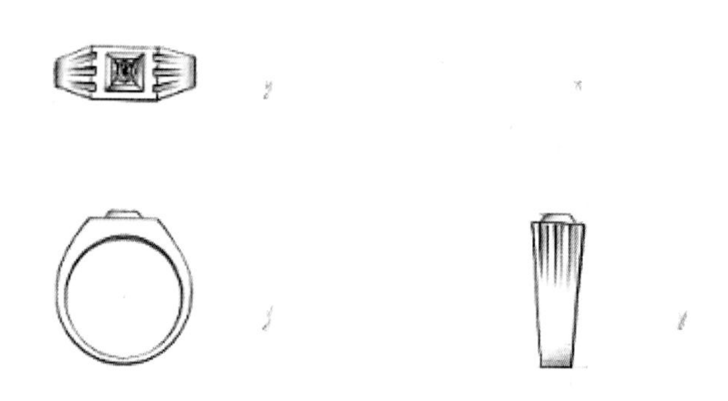

五、男戒立体图的画法

(1)首先用直径为0.3mm的自动铅笔在纸上定位并构图，画出三维坐标轴。画出45°倾角的戒指透视图。然后根据透视线用铅笔轻轻地勾出戒指的轮廓（画初稿时一定要注意戒指每个角度的透视关系，建议初学者多画些透视辅助线，这样能确保戒指不会显得变形）。

(2)将戒指轮廓画好之后根据透视辅助线绘画爪的透视和戒指臂的透视关系。这一步骤很关键,只有把戒指的透视关系画标准了,立体图才不会显得变形或扭曲。

(3)将戒指的基本透视造型和细节透视画好之后开始绘画宝石的切割刻面和金属的明暗交界线。戒臂之间可以画点淡淡的阴影效果。这一步骤同样建议用直径为 0.3mm 的 HB 硬铅笔芯来画。

(4)用铅笔画完全部的戒指透视图后开始用针管笔勾线(要很精确地把细节勾画清楚并使线条粗细有致,使戒指显得有立体感)。接着用水性笔来表现戒指的阴影效果和金属质感。最后画出戒指的投影,这样,整个戒指显得立体、逼真。

六、情侣戒立体图的画法

(1)首先用直径为 0.3mm 的自动铅笔在纸上定位并构图,画出三维坐标轴。一般,对于情侣戒指,要画 30°的立体效果图。然后根据透视辅助线用铅笔轻轻地勾出戒指的轮廓(画初稿时一定要注意戒指的透视关系,建议初学者要多画些辅助线,这样能确保戒指的透视不会显得变形)。

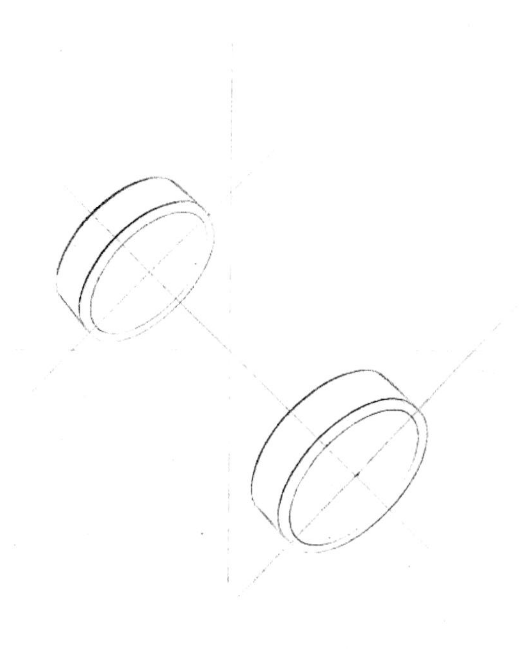

（2）戒指的轮廓成型之后，就开始勾画戒指的内部结构（注意细节的透视结构和主石的透视效果）。

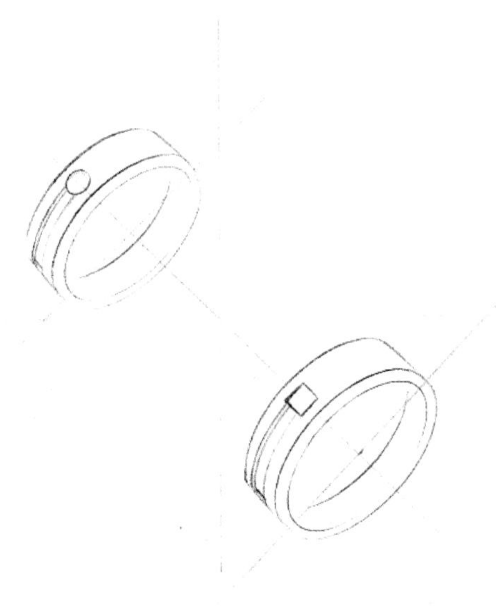

（3）将戒指的基本透视造型和细节透视画好之后，就开始用针管笔勾线（用笔要稳，尽量使线条一气呵成，这样画出的线条才会显得干净利落）。

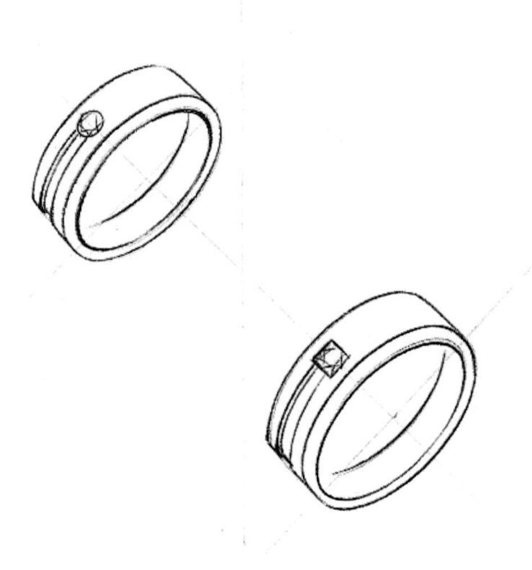

(4)然后用黑色圆珠笔轻轻地画出金属的明暗交界线并画出阴影效果。

(5)接着用黄色彩铅画出分色部分,用灰色水性笔表现戒指的阴影效果和金属质感。最后画出戒指的投影,这样,整个戒指显得更加立体、逼真。

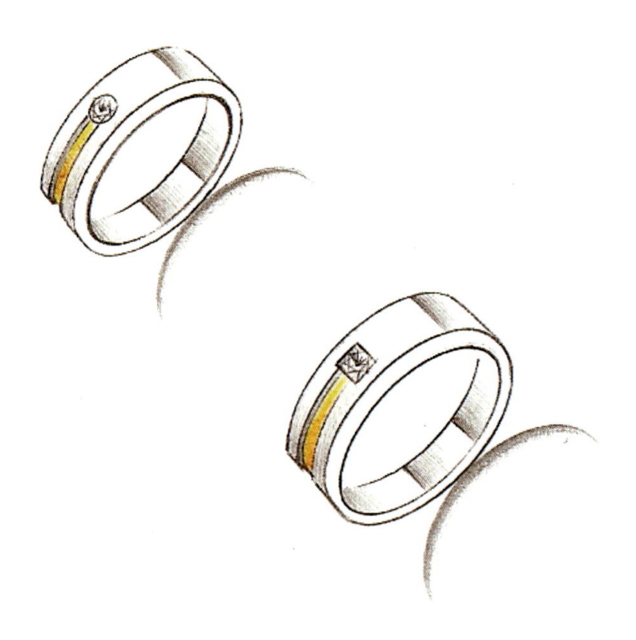

第五节　标准手绘三视图、立体图赏析

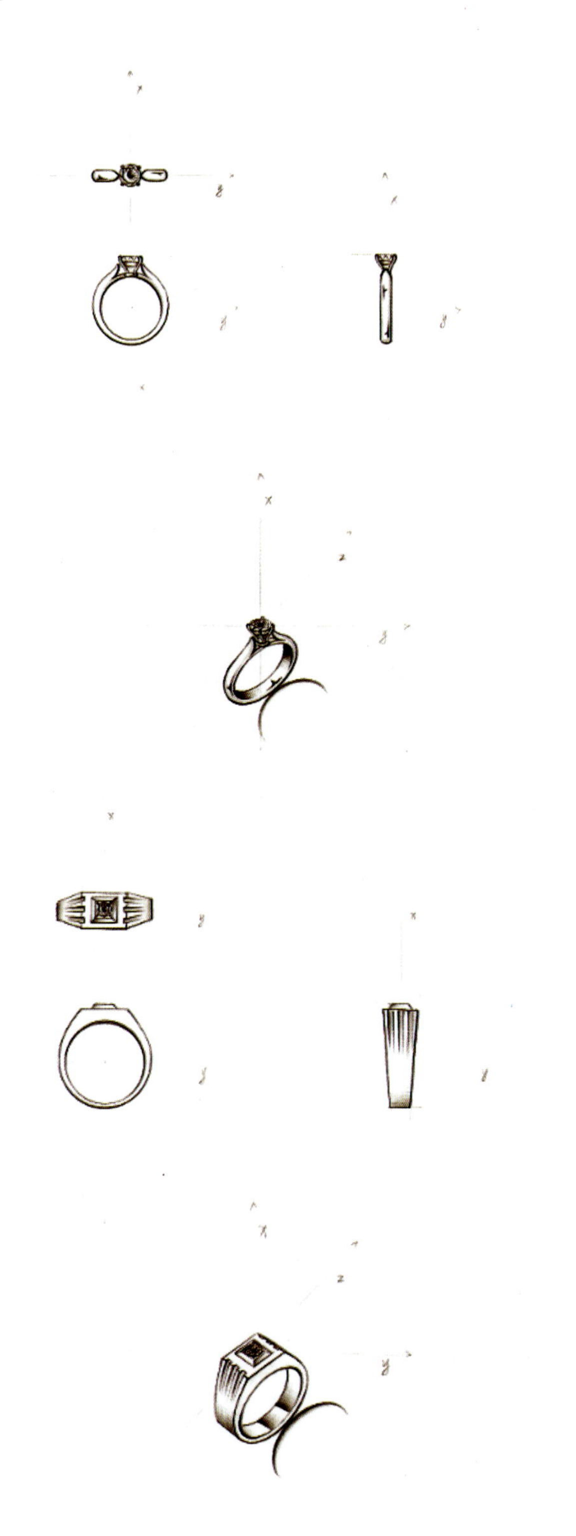

第二章

宝石手绘表现技法

本章首语

在学习宝石手绘表现技法之前，我们先简单了解下宝石材质的特性。广义的宝石概念是指所有可用于工艺美术要求的矿物、岩石及其他天然和人造物质。狭义的宝石概念主要是指符合工艺要求的天然矿物晶体及少数天然矿物集合体。具备美观、耐久和稀少这三大特性的天然宝石才能被称为宝石。目前在珠宝行业中常见的稀有宝石有钻石、珍珠、翡翠、红蓝宝石、彩色宝石。

不同材质的宝石可被切割成不同形状，珠宝行业常见的宝石切割形状有圆形、蛋形、马眼形、水滴形、心形、公主方形、小八角形等。

不同的宝石材质，其绘画的表现技法不同。我们要根据宝石的切割面、颜色、透明度等，使用不同的绘画技法，只有这样才能把宝石的美表现出来。

第一节　宝石绘画基础

一、圆形宝石切割的画法

(1)画出十字坐标轴并定位。

(2)画出与坐标轴成45°角的两条辅助线。

(3)用圆形规格模版以宝石的直径画一个圆。

(4)连接十字坐标轴与圆形外形线之间的交叉点画出一个正方形，同样地，连接辅助线与圆形的外形线之间的交叉点，画出另一个正方形。

(5)擦掉辅助线,画出圆形宝石的刻面阴影效果。

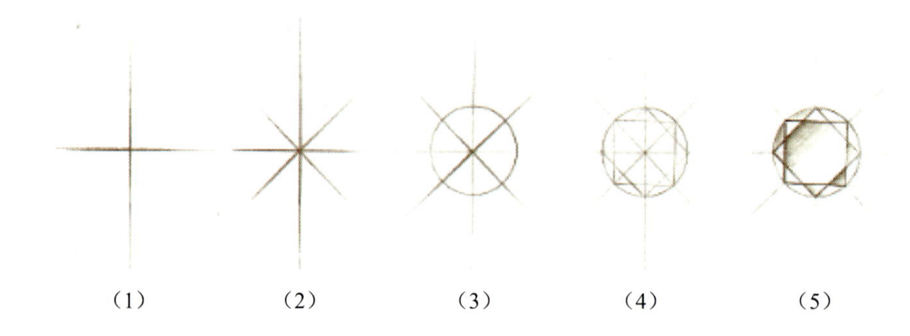

(1) (2) (3) (4) (5)

二、椭圆形宝石切割的画法

(1)画出十字坐标轴并定位。
(2)画出与坐标轴成 45°的两条辅助线。
(3)用椭圆形规格模版以十字坐标轴为中心画一个椭圆。
(4)从顶点至长度一半部分分成三等分,在 1/3 处标上记号,画出宝石的切割面。
(5)擦掉辅助线,画出圆形宝石的刻面阴影效果。

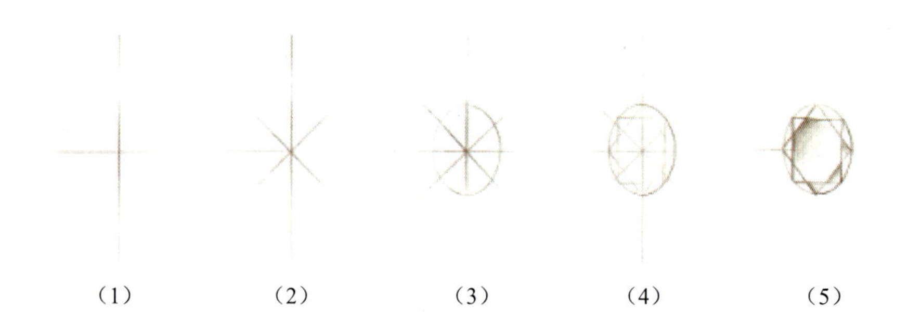

(1) (2) (3) (4) (5)

三、马眼形宝石切割的画法

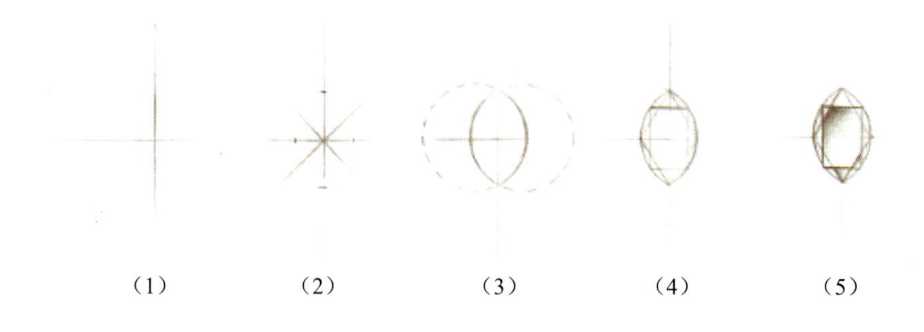

(1) (2) (3) (4) (5)

(1)画出十字坐标轴并定位。
(2)画出与坐标轴成 45°角的两条辅助线,确定宝石的长度及宽度。

(3)用圆形模版在十字位上水平记号分别画出相交的两个圆，中间部分就是马眼宝石形状。

(4)从顶点至长度一半部分分成三等分，在1/3处标上记号，画出宝石的切割面。

(5)擦掉辅助线，画出圆形宝石的刻面阴影效果。

四、水滴形宝石切割的画法

(1)画出十字坐标轴并定位。

(2)画出与坐标轴成45°角的两条辅助线，确定宝石的长度及宽度。

(3)用圆形模版在十字位上水平记号分别画出相交的两个圆，然后在十字位那里画出一个半圆形，这样水滴形的宝石形状就画好了。

(4)从顶点至长度一半部分分成三等分，在1/3处标上记号，画出宝石的切割面。

(5)擦掉辅助线，画出圆形宝石的刻面阴影效果。

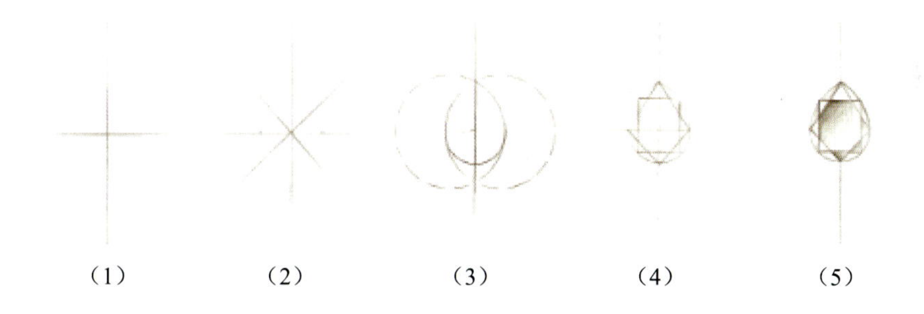

(1)　　(2)　　(3)　　(4)　　(5)

五、心形宝石切割的画法

(1)画出十字坐标轴并定位。

(2)画出45°角的辅助线，定好宝石的长度及宽度。

(3)以十字位为中心，用圆形模版连接两圆之间，在横坐标各画两个半圆，形成心形。

(4)心形成形后从顶点至长度一半部分分成三等分，在1/3处标上记号，画出宝石的切割面。

(5)擦掉辅助线，画出心形宝石的刻面阴影效果。

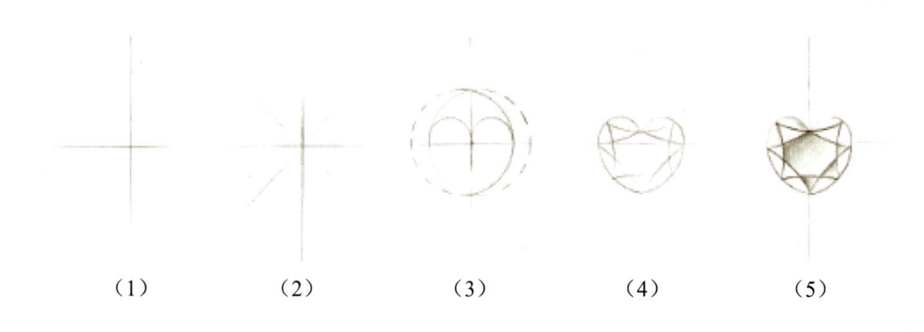

(1)　　(2)　　(3)　　(4)　　(5)

六、祖母绿形宝石切割的画法

(1)画出十字坐标轴并定位，标注宝石的长度和宽度。

(2)根据标注十字位上的长度和宽度，画出宝石的外框线。

(3)以宽度的一半将宝石三等分并标上记号，连接记号点与桌面之延长线和外围长方形的交叉点。

(4)使用三角板画平行线及宝石切割面去掉四个角，保持宝石的八角必须完全一样的角度。

(5)擦掉辅助线，画出祖母绿形宝石的刻面阴影效果。

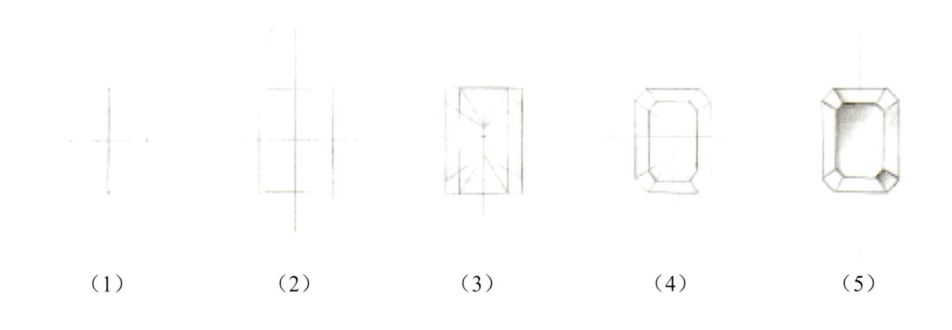

(1) (2) (3) (4) (5)

第二节 钻石首饰表现技法

一、钻石属性简介

英文名称：Diamond。

摩氏硬度：10。

化学成分:99.98%的碳。

折射率:2.417。

常见外形:圆形、椭圆形,马眼形、水滴形、心形、公主方形等。

物理性质:钻石其实是一种密度相当高的碳结晶体,在天然矿物中硬度最高,是世界公认的宝石之王。

二、钻石质量分级(4C)标准

鉴定钻石主要采用“4C”标准来评定,它是全球通用的钻石分级标准。其中,“4C”指四个以英文字母“C”开头的英文单词,即 Color(颜色)、Clarity(净度)、Cut(切工)、Carat weight(克拉质量,ct,1ct=100分=200mg=0.2g)。

钻石的颜色、净度和质量是天然形成的,因此只有切工与工匠的手艺有关。“4C”标准是判断钻石价值的全球通用标准。

标准圆形钻石质量及尺寸对应表

质量(ct)	0.05	0.10	0.20	0.25	0.30	0.40	0.50	0.70
直径(mm)	2.5	3.0	3.8	4.1	4.5	4.8	5.2	5.8
高度(mm)	1.5	1.8	2.3	2.5	2.7	3.0	3.1	3.5
质量(ct)	0.90	1.00	1.25	1.50	1.75	2.00	2.50	3.00
直径(mm)	6.3	6.5	6.9	7.4	7.8	8.2	8.8	9.4
高度(mm)	3.8	3.9	4.3	4.5	4.7	4.9	5.3	5.6

三、钻石手绘技法

钻石是珠宝首饰设计中最常见的材料之一。钻石手绘是绘画宝石的基础课程,所以初学者只有在掌握了钻石手绘技法之后,才能学习其他宝石的手绘技法。

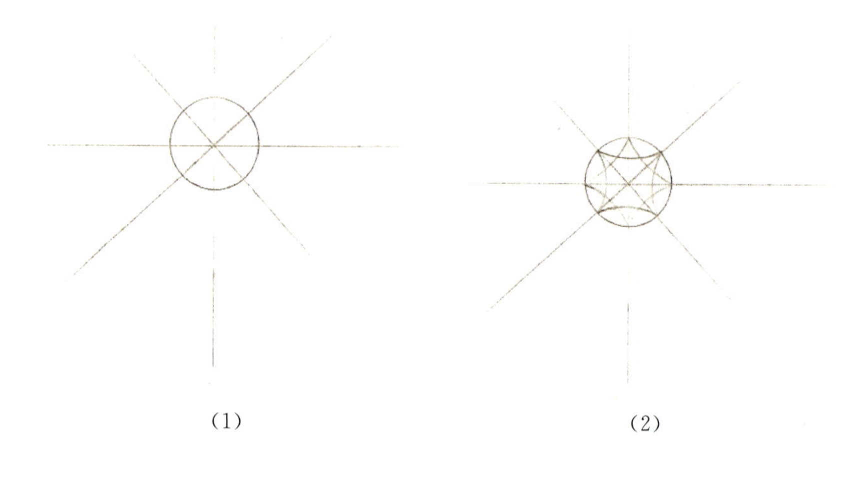

(1)　　　　(2)

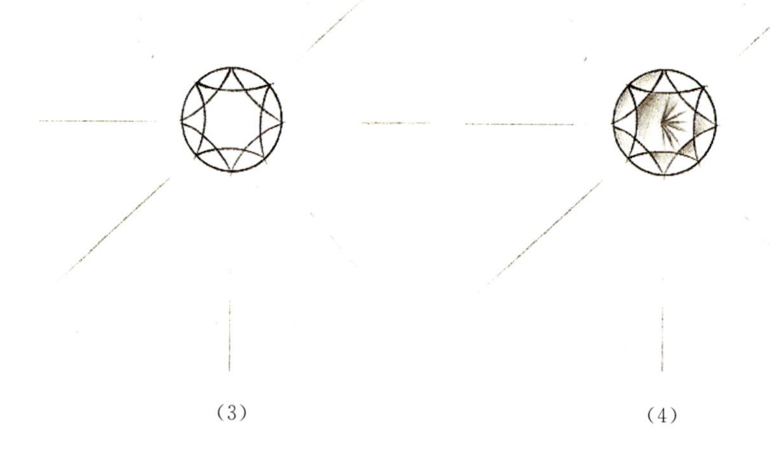

(3)　　　　(4)

(5)

(1)首先用铅笔画出十字坐标轴，然后对切 45°角画出辅助线，并以坐标原点为圆点画出正圆。

(2)根据辅助线画出钻石的刻面。

(3)然后用针管笔勾线，擦去辅助线。

(4)用自动铅笔简单地画出钻石的星光火彩，打上刻面阴影。

(5)用直径为 0.38mm 的圆珠笔加深星光效应，最后用灰色水彩笔打上阴影面。这样，简单的钻石效果就画好了。

四、水粉绘画钻石戒指效果图赏析

第三节 珍珠首饰表现技法

一、珍珠属性简介

英文名称:Pearl。

折射率:1.530～1.686。

化学成分:$CaCO_3$(碳酸钙)占91.6%,H_2O和有机质各占4%,其他物质占0.4%。

常见外形:有圆形、梨形、蛋形、泪滴形、纽扣形和任意形,其中以圆形为佳。

化学性质:含有多种氨基酸,如亮氨酸、蛋氨酸、丙氨酸、甘氨酸、谷氨酸、天门冬氨酸等;另外,还含有30多种微量元素、牛磺酸、丰富的维生素、肽类。

珍珠是一种古老的有机宝石,产在珍珠贝类和珠母贝类软体动物体内、由于内分泌作用而生成的含碳酸钙的矿物(文石)珠粒,由大量微小的文石晶体集合而成的。亚洲宝石协会(GIG)学术研究报告指出,珍珠是在几种软体动物套膜里面或下面层层真珠质围绕不附着于外壳的外来粒子聚合而形成的稠密凝结物。

根据地质学和考古学的研究证明,在2亿年前,地球上就已经有了珍珠。国际宝石界还将珍珠列为6月生辰的幸运石,结婚13周年和30周年的纪念石。具有瑰丽色彩和高雅气质的珍珠,象征着健康、纯洁、富有和幸福,自古以来为人们所喜爱。

它具有各种形状,但最典型的是圆形;呈现各种颜色,但通常是白色或浅色;且有不同程度的光泽,可用作装饰或入药。珍珠是法国的国石,被誉为"宝石之后"。

二、珍珠的鉴定标准

1. 光泽(Luster)

美是珠宝的共性,珍珠素有"珠宝皇后"的美誉,自然不能例外,因而她的光泽势必成为焦点。珍珠的光泽可分为以下四个等级(通常情况下,作为珠宝级别的珠宝光泽最低要求在"C"

以上)。

(1)反射光特别明亮,表面可见物体影像而且非常清晰。

(2)反射光明亮,表面能见物体影像。

(3)反射光不明亮,表面能见物体影像,但模糊。

(4)反射较弱,表面光泽呆滞,几乎无物体影像。

2. 光洁度(Surface Perfection)

珍珠的光泽很重要,光洁度也是不可或缺的。无论多么光彩夺目的珍珠,如果其表面有斑点都将影响其美观和收藏价值。同样,珍珠的光洁度也可分为以下四个等级(通常情况下,作为珠宝级别的珠宝光洁度最低要求在“C”以上)。

(1)表面光滑细腻,肉眼极难发现瑕疵。

(2)表面有非常少的瑕疵,似针点状,肉眼不易发现。表现形式为小花点,珍珠表面有微点状瑕疵。

(3)表面有较小的瑕疵,肉眼可以观察到。表现形式为:中花点,即珍珠表面有较多点状瑕疵;隐螺纹,即珍珠表面有不明显凹陷细螺纹状瑕疵;小花皮,即珍珠表面有小面积花纹状瑕疵。

(4)表面有较多且较明显的瑕疵,对珍珠美感的影响很大。该级别表现形式较多,而且对珍珠的美感影响很大,一般不用作珍珠首饰,仅对其做出列举,不做具体描述,如大花点、大花皮、乌心、腰线、毛片、深螺纹、剥落痕、破损、裂纹。

3. 大小(Size)

珍珠的大小历来为人们所重视,一方面由于它易于量度,另一方面是因为它本身形象直观、清晰可见。新标准选取了五种常见珍珠直径作为广大消费者的参考依据:5mm、7mm、9mm、10mm、12mm。

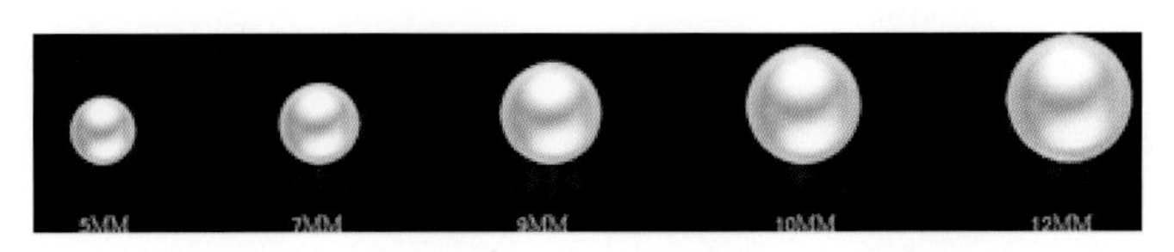

4. 形状(Shape)

自然生长而成的珍珠绝大多数都是不很规则的球形,真正符合加工条件的珍珠往往是从成百上千颗珠子里被挑选出来的。珍珠按形状分为以下几种。

(1)正圆珠。指直径差百分比小于或等于3%的珍珠。

(2)圆珠。指直径差百分比大于3%且小于或等于8%的珍珠。

(3)近圆珠。指直径差百分比大于8%且小于或等于12%的珍珠。

(4)椭圆珠。分为短椭圆珠和长椭圆珠两种。其中,短椭圆珠指直径差百分比小于或等于20%的珍珠,长椭圆珠指直径差百分比大于20%的珍珠。椭圆珠的形状包含水滴形、梨形。

(5)扁圆珠。指具对称性、有一面或两面呈近似平行状的珍珠。分为高形珠和低形珠两种。其中,高形珠指直径差百分比小于或等于20%的扁圆珠,低形珠指直径差百分比大于20%的扁圆珠。

(6)异形珠。指形状不规则、表面不平坦、没有明显对称性且与某一物体形态相似的珍珠。

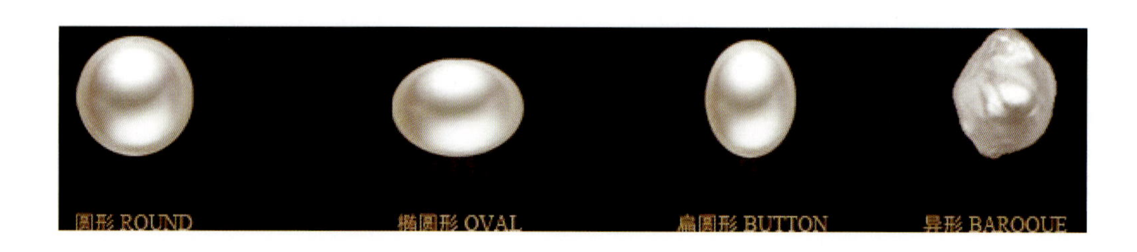

5. 颜色(Clour)

珍珠的颜色千差万别、丰富多彩。中国淡水珍珠标准样品选择最常见的三个色系(白色系、红色系、紫色系)可作为珍珠标准样品的代表色系。其中,白色系包括纯白色、白色、黄白色及它们之间的过渡色系的五个色系;红色系包括深粉红色、粉红色、浅粉红色及它们之间的过渡色系的五个色系;紫色系包括深紫色、紫色、浅紫色及它们之间的过渡色系的五个色系。

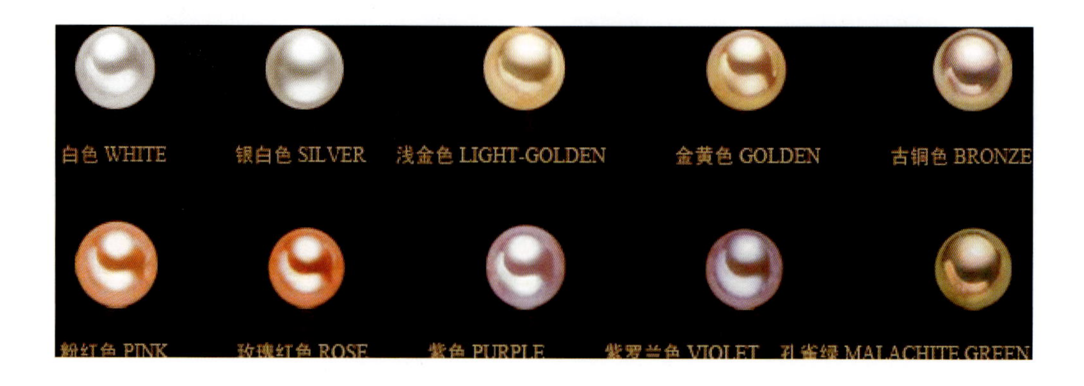

二、手绘珍珠表现技法

珍珠主要分为淡水珍珠和海水珍珠两种。淡水珍珠主要以浅色系为主,而海水珍珠以深色系为主。它们的颜色和手绘的表现技法都不同。初学者需要学习并掌握这两种珍珠的手绘技法。

1. 淡水珍珠手绘技法

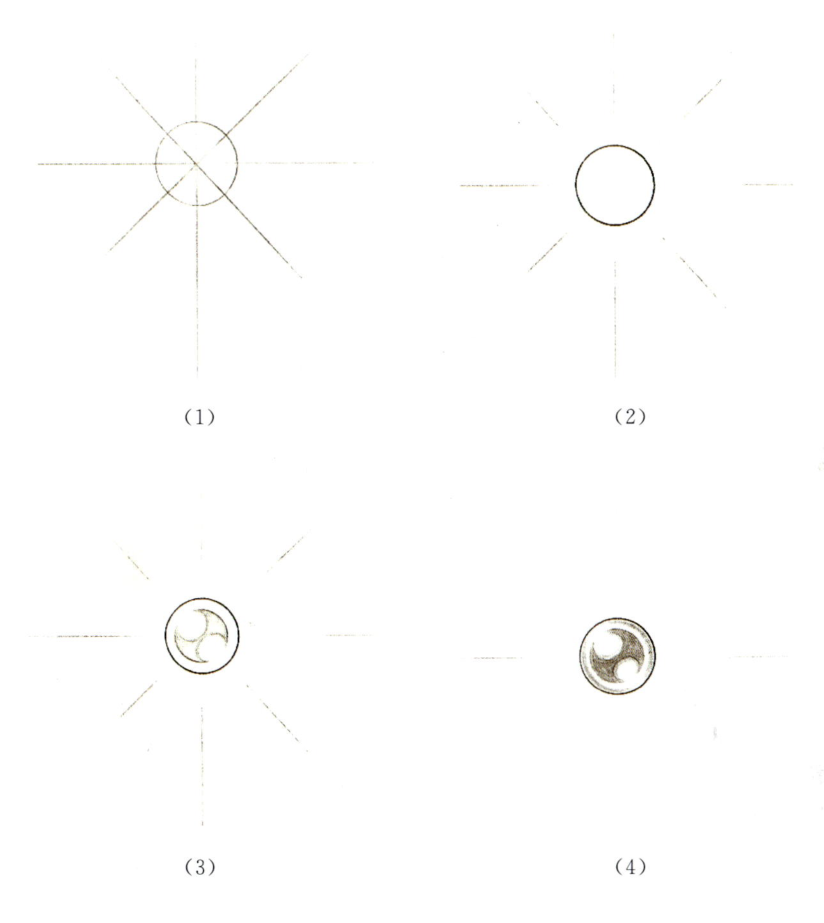

(1)　　(2)

(3)　　(4)

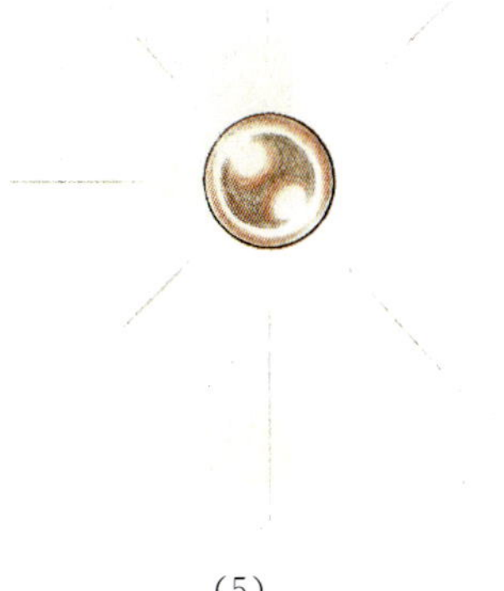

(5)

(1)首先用铅笔画出十字坐标轴,然后对切 45°角画出辅助线,并以坐标原点为圆心画出正圆。

(2)用针管笔勾画出正圆,然后擦去辅助线。

(3)而后用 2B 铅笔画出珍珠的明暗交界线。

(4)接着用灰色彩铅加深过渡,画出阴影效果。

(5)最后用粉色彩铅涂上一层过渡色,这样,简单的粉色珍珠就画好了。

2. 金色珍珠手绘技法

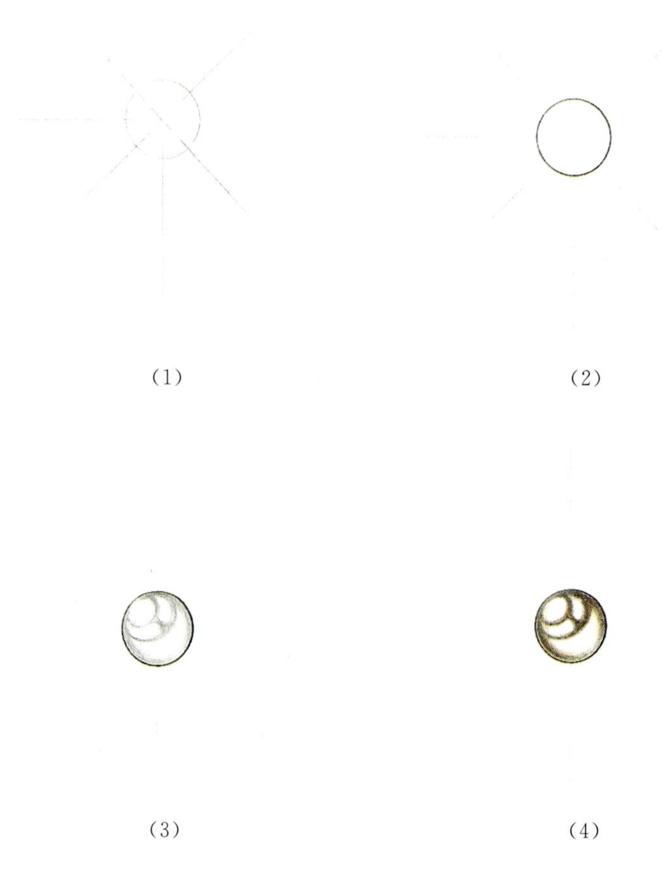

(1)　　(2)

(3)　　(4)

(5)

(1)首先用铅笔画出十字坐标轴，然后对切 45°角画出辅助线，以坐标原点为圆心画出正圆。

(2)用针管笔勾画出正圆，然后擦去辅助线。

(3)而后用 2B 铅笔画出珍珠的明暗交界线。

(4)接着用熟褐色彩铅在明暗交界处打上底色。

(5)用中黄色彩铅沿着熟褐色让晕色慢慢过渡，最后用柠檬黄彩铅淡淡地打上一层，增加珍珠的光泽。

3. 黑色珍珠手绘技法

（1）　　　　（2）

（3）　　　　（4）

（5）

（1）首先用铅笔画出十字坐标轴，然后对切 45°角画出辅助线，并以中心为圆点画出正圆。

（2）用针管笔勾画出正圆，然后擦去辅助线。

（3）然后用 2B 铅笔画出珍珠的明暗交界线。

（4）用群青色彩铅在明暗交界处打上底色。

（5）用浅灰色彩铅沿着群青色让晕色慢慢过渡，最后用粉色彩铅淡淡地打上一层，增加黑珍珠的色调和光泽。

第四节　翡翠首饰表现技法

一、翡翠属性简介

英文名称：Jadeite。

摩氏硬度：6.5～7.5。

光泽及透明度：油脂光泽至玻璃光泽，半透明至不透明。

化学成分：硅酸盐铝钠[$NaAl(Si_2O_6)$]，常含Ca、Cr、Ni、Mn、Mg、Fe等微量元素。

折射率：1.65～1.67，在1.66附近有一较模糊的阴影边界。

矿物成分：以硬玉为主，次为绿辉石、钠铬辉石、角闪石、钠长石等。

结晶特点：单斜晶系，常呈柱状、纤维状、毡状致密集合体，原料呈块状（次生料为砾石状）。

颜色：丰富多彩，其中绿色为上品，按颜色可将翡翠分为以下三种类型。

（1）皮类颜色。指翡翠最外层表皮的颜色，其形成与后期风化作用有关。这类颜色为各种深浅不同的红色、黄色和灰色，这些颜色在靠近原料的外皮部分呈近同心状。红色翡翠常被称为“翡”。

（2）地子色。又称“底子”颜色，有底色之意，指绿色以外的其他颜色，为深浅不同的白色、油色、藕粉色、灰色等。

（3）绿类颜色。指翡翠的本色，这类颜色为各种深浅不同的绿色。有时绿中包含着黑色。绿色翡翠常被称为“翠”。

二、翡翠的色系标准

蓝绿色：绿色中微带蓝色调，按宝石学观点，可称之为“绿中微蓝”，看起来充满静之神秘感。

艳绿色：绿色纯、正、浓，但不带黑色调。

翠绿色：绿色鲜活。若生于玻璃地中，则如绿水般摇晃欲滴，颜色较艳绿色微浅，为标准绿色之代表。

阳绿色：绿色鲜阳，微带黄色调。

淡绿色：绿色较淡，不够鲜阳。

浊绿色：颜色较淡绿色为深，但略带浑浊感。

暗绿色：色彩虽浓但较暗，不鲜阳，但仍不失绿色调。

墨绿色：绿色浓至带黑色调。

蓝色：色彩偏蓝，微带绿色调，宝石学称其为"蓝中微绿"。

灰色：颜色不蓝、不绿、不黑，带灰色调。

黄色：大多数的黄色来自内皮，黄色调搭配的质地常为冬瓜地以上的玉种。

紫色：与翡红色相对(生于皮中的为翡红，生于玉肉中的多为紫色)，分为淡紫色、紫色、艳紫色、蓝紫色。

白色：生于化地以上为无色，生于豆地以下则显现白色。

翡红色：多出于内皮中，生于玉肉中的多呈丝状分布，亦有呈片状分布的，其红色为铁元素入侵的结果。

黑色：无绿色调，呈墨黑色。

三彩：白地上有二色的叫"福禄寿"，有三色的叫"福禄寿喜"。

三、翡翠手绘表现技法

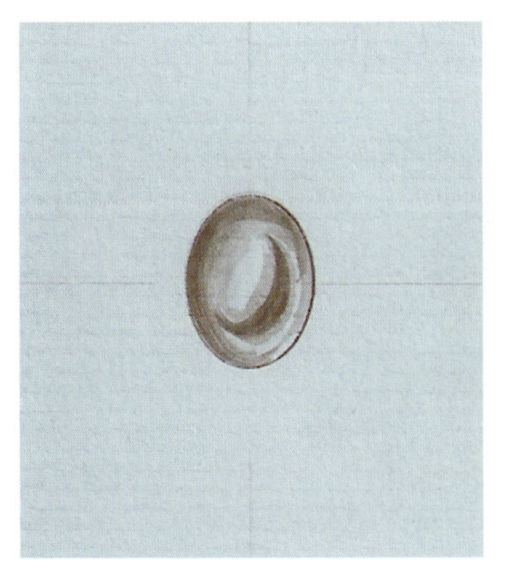

(1)

(2)

(1)首先在纸上画出十字坐标轴和椭圆形，然后用灰色颜料画出明暗交界线。

(2)然后用草绿色颜料涂上一层底色。

(3)接着把白色颜料调淡，在反光面和受光面涂上一层并晕色。

(4)进一步提亮反光面，最后在受光面点上高光，这样，通透的翡翠就画好了。

（3）

（4）

第五节　彩宝首饰表现技法

一、彩宝材质属性简介

彩色宝石，又称有色宝石，英文名称为 Colored Gemstone，是宝石大家族中除钻石外所有有颜色宝石的总称。最贵重的彩色宝石，如红宝石、蓝宝石、祖母绿、猫眼与钻石，并称“世界五大珍稀宝石”，受到了许多高端消费人群和收藏爱好者的喜爱。除这些之外，还有其他多种彩色宝石有待人们去了解和欣赏。其常见外形为圆形、蛋形、马眼形、水滴形、心形、公主方形、祖母绿形等。

二、彩色宝石等级分类

(1)传统经典宝石。包括红宝石、蓝色蓝宝石、祖母绿、彩色钻石,已经流传数百年且始终广受高端人士欢迎,知名度很高。品质优异者市场上非常鲜见,1ct 级别的传统经典宝石价格通常在数百至数万美元,特别的可达 10 万美元以上。

(2)鉴赏家宝石。包括黑欧泊、变石、金绿宝石猫眼、帕拉伊巴碧玺、彩色蓝宝石、粉色托帕石、钙铁榴石,相对不为人所知,市场上也较为少见,但往往为有实力且有眼力的鉴赏家所喜爱。1ct 级别的鉴赏家宝石价格通常在数百至数千美元,特别的可达 1 万美元以上。

(3)新经典宝石。包括碧玺、海蓝宝石、坦桑石、帝王托帕石、翠榴石,逐渐流行但价格明显高出时尚宝石。1ct 级别价格通常在几十至上千美元,特别的可达几千美元。

(4)收藏爱好宝石。包括尖晶石、锆石、月光石、摩根石、其他绿柱石,知名度和市场上可见度都较低,但喜欢少见品种的收藏爱好者可能会对它们特别感兴趣。1ct 级别一般以百美元计价,优质尖晶石可以千美元计价。

(5)时尚宝石。包括紫晶、黄晶、白欧泊、橄榄石、镁铝石榴石、蓝色托帕石、堇青石、铬透辉石、紫黄晶、紫锂辉石、红柱石、青金石、绿松石、缟玛瑙、绿玉髓、白玉、琥珀。多数时尚宝石市场知名度较高、市场供应量充分且价格低,1ct 级别价格一般不超过 100 美元。

三、彩色宝石种类介绍

彩色宝石的最大特征是其具有天然的颜色，赤、橙、黄、绿、青、蓝、紫，自然界所有的颜色在彩色宝石中都能够找到，而且彩色宝石中所蕴含色彩之美丽，是其他任何物质和人工方法（如摄影、绘画）都无法企及的。由于人们喜爱色彩的天性，在无色的钻石流行数十年之后，彩色宝石正在国际范围内日趋流行。而且，由于彩色宝石种类繁多且价格分布广泛，因而能够为不同阶层和喜好的人们提供极具个性化的选择。

1. 碧玺

碧玺又称为电气石，英文名称为 Tourmaline，是从古锡兰语“Turmali”一词衍生而来的，其意思为“混合宝石”。据说碧玺晶体的颜色多达 15 种之多，颜色以无色、玫瑰红色、粉红色、红色、蓝色、绿色、黄色、褐色和黑色为主。其中更以具有通透光泽的蔚蓝色、鲜玫瑰红色及粉红色加绿色的复色为上品。碧玺由于颜色鲜艳、多变且透明度高，自古以来深受人们的喜爱。目前，碧玺的价值是仅次于钻石、红宝石、蓝宝石、祖母绿的有色宝石之一。碧玺的品相跟其他宝石相同，都是以颜色、光泽、透明度，有无内含物、缺陷及质量作为评价与选购的依据。但由于碧玺具有易脆性，所以在佩戴的时候应注意避免撞击。

2. 托帕石

托帕石的矿物名称为黄玉或黄晶，英文名称为 Topaz。其英文名来源有两种说法：一种说法来源于红海的一个小岛的旧称“托帕兹”；另一种说法是由梵文“Topus”衍生而来，有“火”的意思。这个极具异国情调的名字，似乎已经诉说了这一宝石的神秘。因为托帕石的透明度很高，又很坚硬，所以反光效应很好，加之颜色美丽，深受人们的喜爱。黄色托帕石象征着和平与友谊，所以黄色托帕石被用作 11 月的生辰石，以表达人们渴望长期友好相处的愿望。在西方人看来，托帕石可以作为护身符佩戴，能辟邪驱魔，使人消除悲哀、增强信心。用托帕石的粉末泡酒，则可以治疗气喘、失眠、烧伤和出血等。中国人对托帕石的认识和使用有着悠久的历史。托帕石是一种色彩迷人、漂亮又便宜的中档宝石，深受人们喜爱。

3. 海蓝宝石

海蓝宝石的英文名称为 Aquamarine。其中，“Aqua”是水的意思，“Marine”是海洋的意思，可见这宝石的名称与它的颜色有多么贴切。传说，这种美丽的宝石产于海底，是海水的精华，所以航海家用它祈祷海神保佑航海安全，称其为“福神石”。

4. 紫晶

紫晶的英文名称为 Amethyst，源自希腊文，意思是“不易破碎”。其主要化学成分为 SiO_2，为三方晶系，晶体呈六方柱状，柱面具横纹，有左形和右形，双晶很普遍。摩氏硬度为 7。晶体内常含不规则或羽翅状气液两相包体，是水晶家族中身价最高的一员，因其晶体内含有 Mn、Fe^{3+} 而呈现紫色。透明，在二色镜下观察具有明显的多色性。

5. 石榴石

石榴石的英文名称为 Garnet，由拉丁文“Granatum”演变而来，意思是“像种子一样”。石榴石晶体与石榴籽的形状、颜色十分相似，故名“石榴石”。常见的石榴石为红色，但其颜色的种类繁多，足以涵盖整个光谱的颜色。常见的石榴石按其化学成分分为六种，分别为红榴石、铁铝石榴石、锰铝石榴石、钙铁石榴石、钙铝榴石及钙铬榴石。

6. 红宝石

1)红宝石简介

红宝石是指颜色呈红色、粉红色的刚玉，主要成分是氧化铝(Al_2O_3)。红宝石的英文名称为 Ruby，源自拉丁文“Ruber”，意思是红色。属于刚玉族矿物，为三方晶系。因其含铬而呈粉红色至红色，铬含量越高颜色越鲜艳。血红色的红宝石最受人们珍爱，俗称“鸽血红”。红宝石质地坚硬，硬度仅在金刚石之下。人们钟爱红宝石，把它看成爱情、热情和品德高尚的代表，光辉的象征。传说佩戴红宝石的人将会健康长寿、爱情美满、家庭和谐。国际宝石界把红宝石定为“7 月生辰石”，是高尚、爱情、仁爱的象征。

2)红宝石手绘表现技法

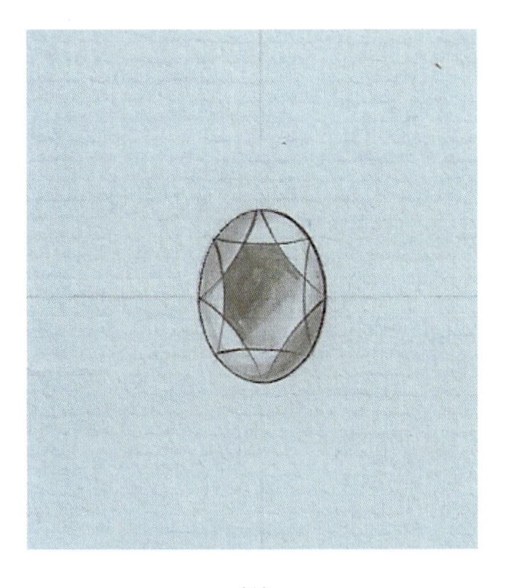

(1)

(2)

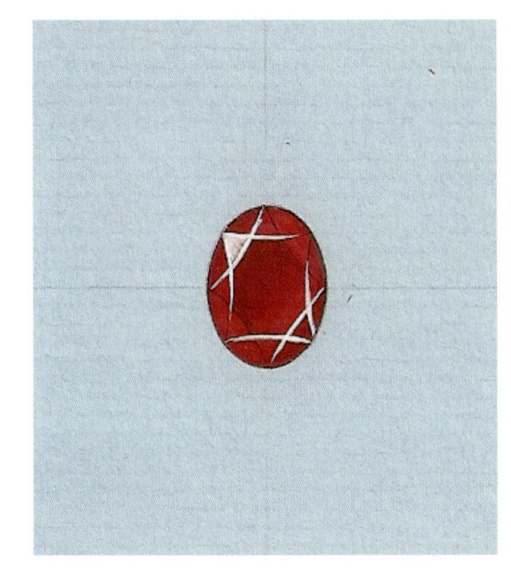

(3)

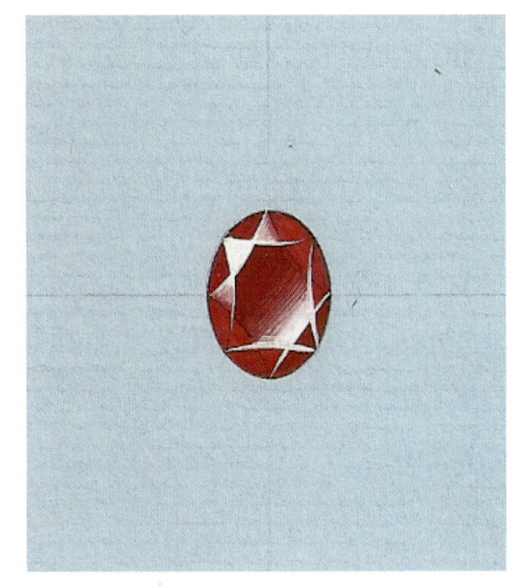

(4)

(5)

(6)

(1)首先在纸上画出十字坐标轴并画出椭圆形，然后用灰色颜料画出明暗交界线。

(2)然后用深红色颜料打上一层底色。

(3)用细毛笔勾画出宝石刻面。

(4)接着用白色颜料提亮刻面并画出反光效果。

(5)用细毛笔刻画出宝石的刻面棱角。

(6)最后画出宝石的尖底刻面增添宝石火彩。

7. 蓝宝石

1)蓝宝石简介

蓝宝石的化学成分(Al_2O_3)，其矿物名称为刚玉。蓝宝石的英文名称为 Sapphire，源于拉丁文"Spphins"，意为"蓝色之意"，实际上，自然界中的宝石级刚玉，除红色的称红宝石外，其余各种颜色如蓝色、淡蓝色、绿色、黄色、灰色、无色等，均称为蓝宝石。刚玉中因含有铁(Fe)和钛(Ti)等微量元素，而呈现蓝、天蓝、淡蓝等颜色，其中以鲜艳的天蓝色者为最好。

国际宝石界把蓝宝石定为"9 月生辰石"，象征忠诚与坚贞。据说蓝宝石能保护国土和使君王免受伤害，有"帝王石"之称。

2)蓝宝石手绘表现技法

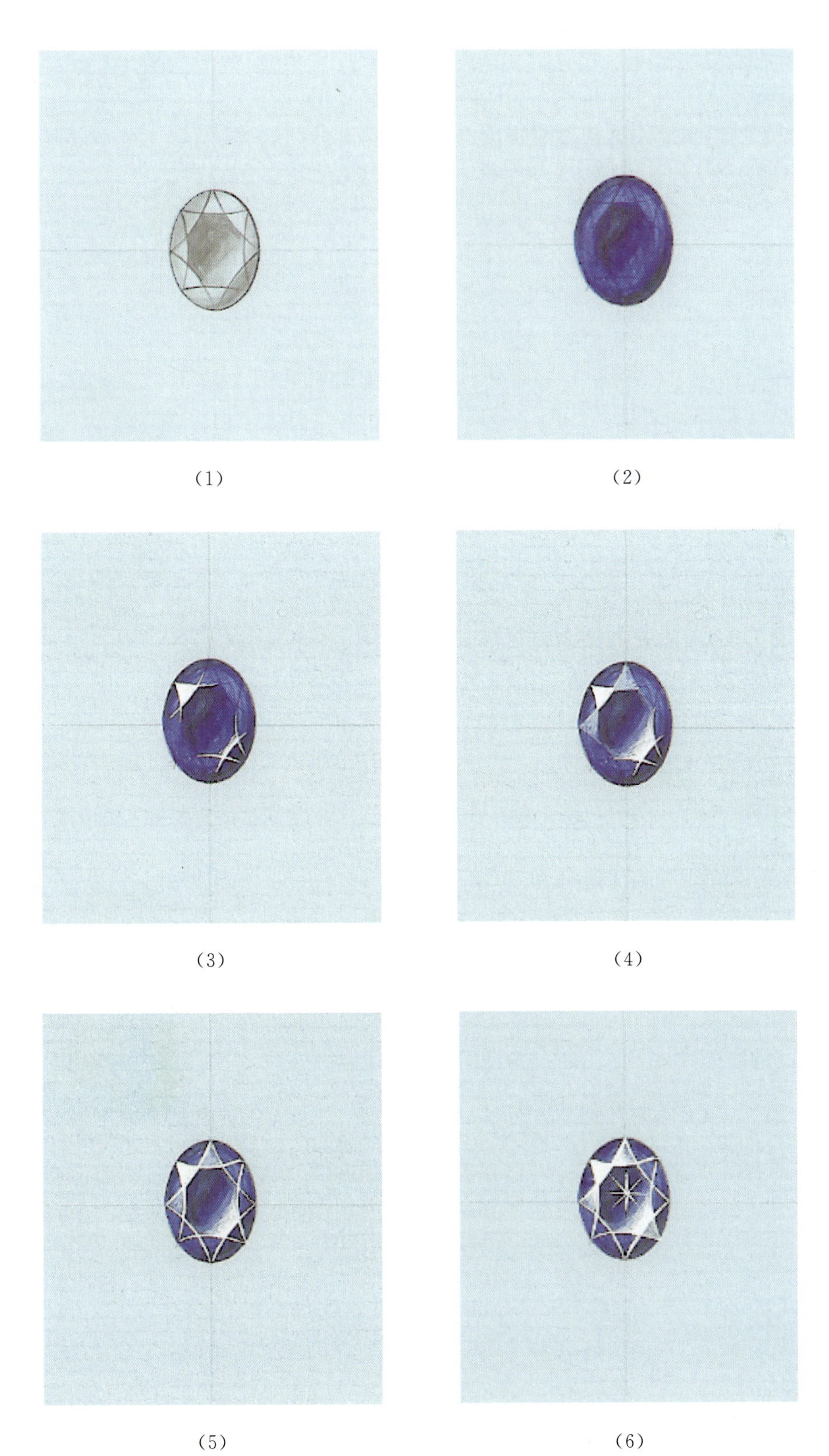

(1)　(2)　(3)　(4)　(5)　(6)

(1)首先在纸上画出十字坐标轴和椭圆形，然后用灰色颜料画出明暗交界线。
(2)然后用深蓝色颜料打上一层底色。
(3)用细毛笔勾画出宝石刻面。
(4)接着慢慢地用白色颜料提亮刻面并画出反光效果。
(5)用细毛笔刻画出宝石的刻面棱角。
(6)最后画出宝石的尖底刻面，并为宝石增添火彩。

8. 祖母绿

1)祖母绿简介

绿柱石的英文为Beryl，源自希腊语“Beryllos(绿色的石头)”。祖母绿与钻石、红宝石、蓝宝石并称“世界四大名宝石”。它的化学名称是铍铝硅酸盐($Be_3Al_2Si_6O_{18}$)，属绿柱石家族。因含微量的铬元素而呈现出晶莹艳美的绿色。其摩氏硬度为7.5～8；密度为2.67～2.78g/cm^3，折射率为1.56～1.60，双折射率为0.004～0.010。具玻璃光泽。

祖母绿被称为“绿宝石之王”，是国际珠宝界公认的名贵宝石之一。因其特有的绿色和独特的魅力，以及神奇的传说，深受西方人的青睐。近来，也愈来愈受到国人的喜爱。现在，祖母绿是5月生辰石，象征着幸运、幸福，也是结婚55周年的纪念石。

2)祖母绿手绘表现技法

(1)首先在纸上画出十字坐标轴并画出椭圆形，然后用灰色颜料画出明暗交界线和阴影效果。

(2)然后用深绿色打上一层底色。

(3)用细毛笔勾画出宝石刻面。

(4)接着用白色颜料把刻面提亮并画出反光效果。

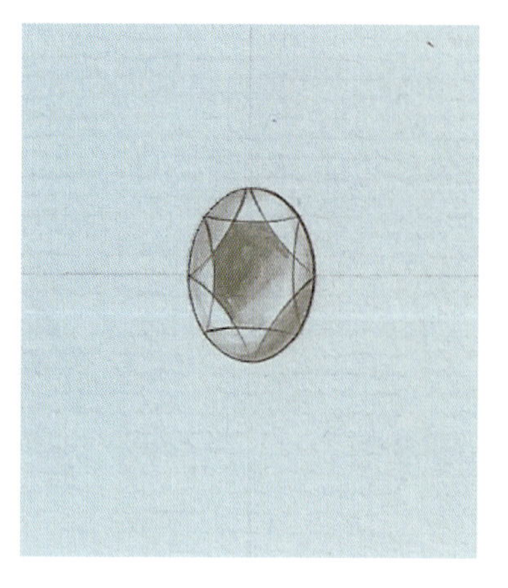

(1)

(2)

(3) (4)

(5) (6)

(5)用细毛笔画出宝石的刻面棱角。

(6)最后画出宝石的尖底刻面,并为宝石增添火彩。

9. 黄晶

1)黄晶简介

黄晶(Citrine)是石英的一个变种,和石英一样同属硅氧矿物。黄晶的颜色从黄色至浅褐色,很容易与黄玉混淆。黄晶中的黄色是由含水氧化铁所致。天然的黄晶比较稀少,产地也寥寥无几,仅有巴西和马达加斯加生产一定数量的优质品。人们常把紫晶和烟晶加热以改变其颜色假冒黄晶。黄晶无解理,最高折射率为1.55。

黄晶的英文名可能源自红海扎巴贾德岛(Zebergad)[该岛旧称"托帕焦斯(Topazios)",意为"难寻找",因该岛常被大雾笼罩不易发现而得名]。也有一些权威人士认为是由梵文"Topas"("火"的意思)衍生而来。

黄色是三大基本色之一。由于人们相信黄色象征着和平和友谊,于是黄晶就成了"友谊之石"。

欧洲人传说金黄色的黄晶能把美貌和智慧带给佩戴的人,所以父母总给子女买上一两件黄晶饰品,表达父母的希望,因此黄晶也被称为"希望之石"。

2)黄晶手绘表现技法

(1)首先在纸上画出十字坐标轴并画出椭圆形,然后用灰色颜料画出明暗交界线和阴影效果。

(2)然后用土黄色颜料打上一层底色。

(3)用细毛笔勾画出宝石刻面。

(4)接着用白色颜料提亮刻面并绘出反光效果。

(1)　(2)　(3)　(4)

(5)

(6)

(5)用细毛笔画出宝石的刻面棱角。

(6)最后画出宝石的尖底刻面并为宝石增添火彩。

10. 欧泊

1)欧泊简介

欧泊的英文为Opal,源于拉丁文“Opalus”,意思是“集宝石之美于一身”。其化学组成为二氧化硅的水合物($SiO_2 \cdot nH_2O$),透明至微透明,呈玻璃光泽。好的欧泊石能产生火焰般闪烁的外表,这样的外表只在极少数的物质中发现过,并且在古时候就已经引起了人们的兴趣,使人陶醉。这种由光的衍射造成的火焰般显现的现象,被称为变彩。这是欧泊石的鉴定特征,也是它作为宝石的主要魅力所在。欧泊被列为10月生辰石。

2)欧泊手绘表现技法

(1)

(2)

(3)

(4)

(1)首先在纸上画出十字坐标轴并画出椭圆形，然后将红色、蓝色、黄色、绿色等颜料点画在椭圆中。

(2)然后用土黄色颜料打上阴影效果。

(3)接着用粗毛笔为整个宝石晕色。

(4)用中黄色颜料加深晕色以提高宝石色彩饱和度，最后用白色颜料画反光面并提亮高光。

11. 月光石

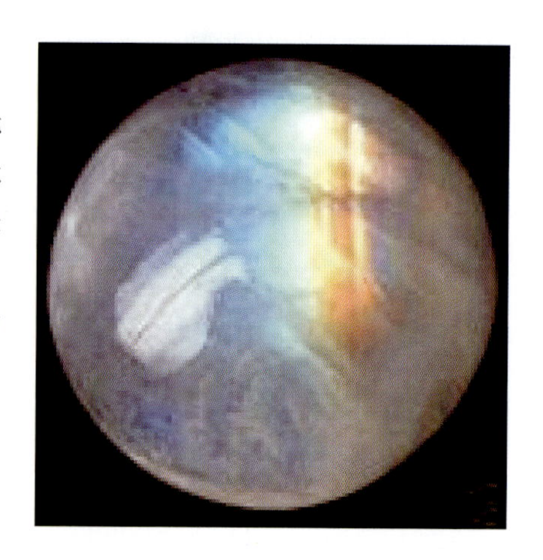

1)月光石简介

月光石是长石的一种，是钠和钾的铝硅酸盐。月光石的英文名称为 Moon Stone。月光石之所以具有“月光效应”(宝石中心出现恍若月光的幽蓝或亮白的晕彩)，是由于其含有“月光石引”(矿物学名称为微斜长石)。

月光石主要产于斯里兰卡、缅甸、印度、巴西、墨西哥及阿尔卑斯山脉，其中以斯里兰卡出产的最为珍贵。

2)月光石手绘表现技法

(1)首先在纸上画出十字坐标轴并画出椭圆形，用灰色颜料打上阴影效果。

(2)然后用白色颜料画一层底色。

(3)继续用白色颜料提亮宝石。

(4)最后用浅蓝色颜料淡淡地打上一层，将月光石的透明光泽和蓝光效应显现出来。

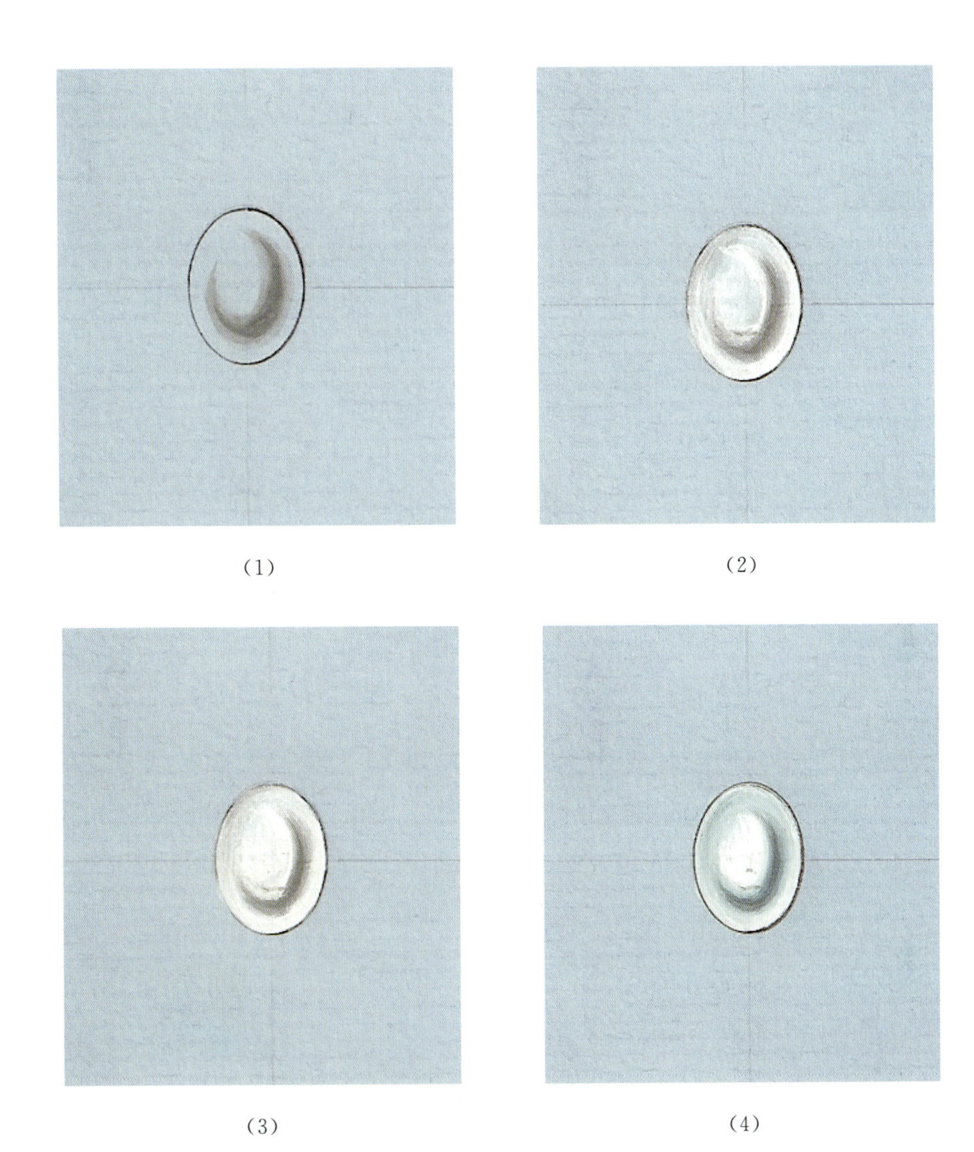

12. 星光宝石

1)星光宝石简介

刚玉类宝石如红宝石、蓝宝石、金黄宝石、黑星石等优质者,因属三方晶系,由于晶格构造特点,当垂直高次对称轴 L_3 切开并打磨成半球形后,围绕 L_3 轴间显出六条耀眼的放射形星状光线,形如闪星,故称星光宝石。

在有星光效应的刚玉中,价值较高的是星光红、蓝宝石。星光效应的成因是宝石中含有一些针状杂质金红石,这些杂质整齐、平行地分布在宝石的某个位置,形成一条沟道,当这个部位被打磨成凸面进行切割时,反光现

象会展示出一条光带。刚玉的星光效应通常呈现六条星光。在普通光线下都能清晰可见到星光的是极品，线条越直越明亮，价值越高。

2)星光宝石手绘表现技法

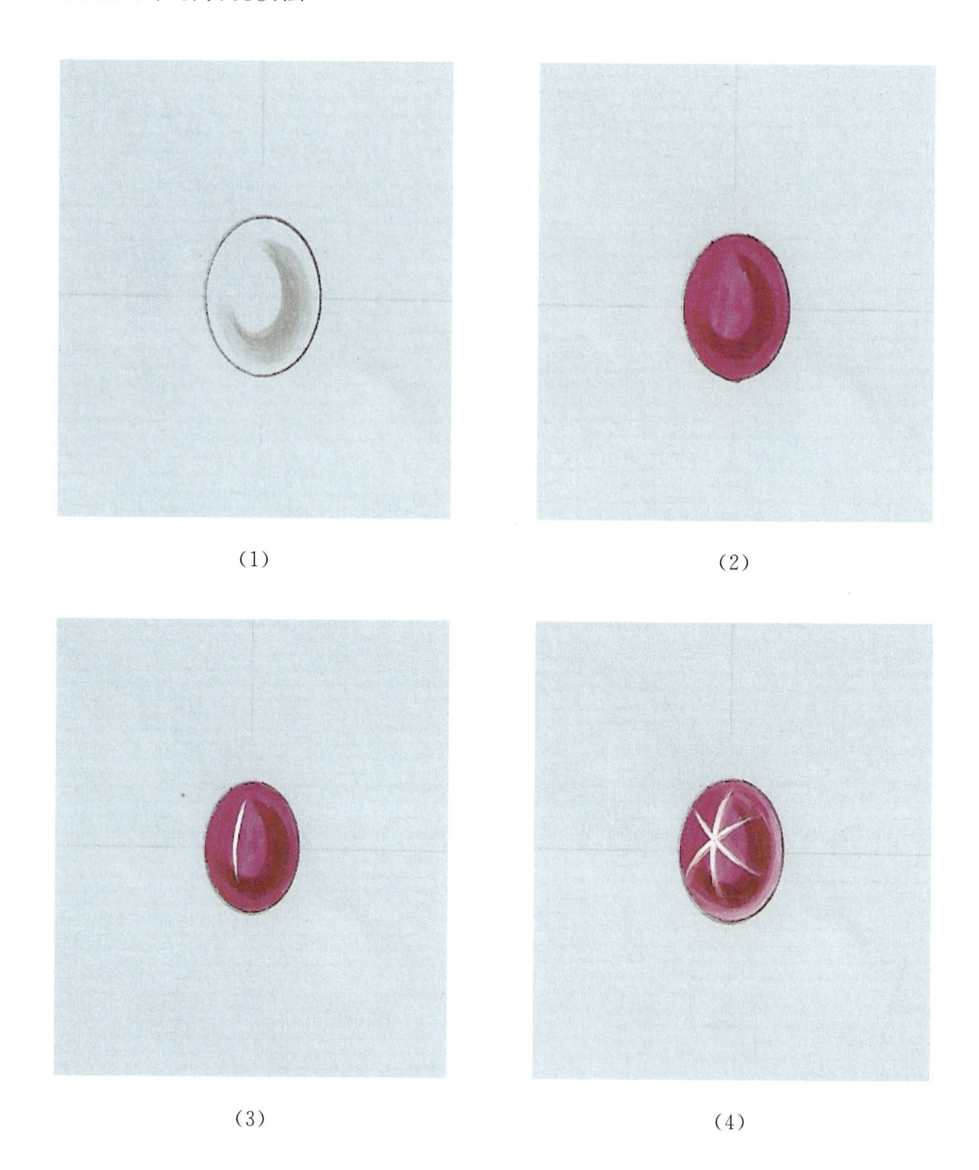

(1)　　(2)

(3)　　(4)

(1)首先在纸上画出十字坐标轴并画出椭圆形，用灰色颜料打上阴影效果。

(2)然后用深红色颜料画一层底色。

(3)在宝石中心稍偏处用细毛笔画上一条白色曲线。

(4)接着把星状线条勾画出来，添加宝石的反光面，提高宝石的光泽度。

第三章

标准设计图和水粉效果图绘画技法

手绘正稿画法流程如下。

设计师在设计草稿时要求完整准确地表达首饰的外观形态和一定的内部结构，对首饰内部结构的理解将反映在外观形态上，因此首饰设计图应具有相当强的严谨性、逻辑性和精确性。设计草图阶段是设计创意的初级物化的阶段，同设计的创意阶段交替进行。通常，一个设计理念在创意中萌发并在草图中得到体现，而草图中的设计信息又被反馈到设计创意之中。

进一步深化设计创意思维，直到设计草图能正确地反映出设计创意的内容，才算完成设计草图的全部绘制过程。设计草图可以标注尺寸，也可标注文字说明。设计草图可以是外观和结构草图，也可以是解构草图。设计草图应简单直观，修改方便，图示全面。

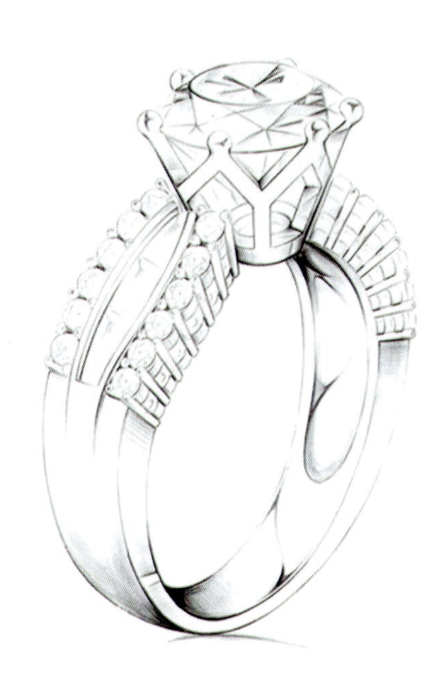

当设计构思确定下来且设计草图的细节得到充分探讨之后，就可以进入设计正稿绘制阶段了。首饰设计的正稿能完整地表达设计思路和创作意图，它是设计的最终稿。

设计正稿要求比较真实、准确地反映首饰的外观和部分细节，特别是三视图，它能清晰地表现手饰的结构。因此设计正稿要求结构、比例、尺寸准确。但是在准确地表达首饰的同时，还要求表现形式丰富生动、富有感染力。

第一节　吊坠标准设计图表现技法

钻石吊坠三视图的画法流程如下。

(1)首先用直径为0.3mm的自动铅笔在纸上定位并构图，再勾勒出吊坠的三视图大体轮廓。

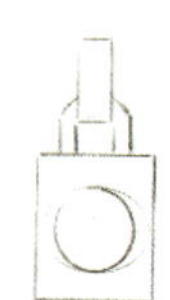

(2)然后进一步画出吊坠三视图的轮廓和副石镶口的铲边线。

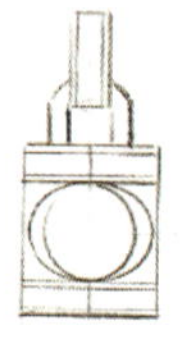

（3）接着刻画吊坠细节结构和副石。

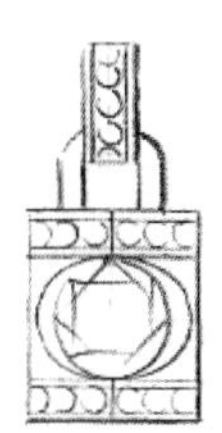

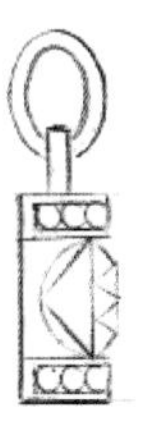

（4）勾画好吊坠整体形体后用针管笔勾线，刻画钻石的切割面并打上阴影效果，使整体效果立体、逼真。

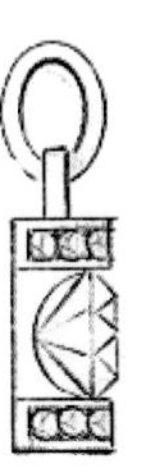

第二节　耳环标准设计图表现技法

耳环三视图的画法流程如下。

(1)首先用直径为0.3mm的自动铅笔在纸上定位并构图,再勾勒出耳环的三视图大体轮廓。

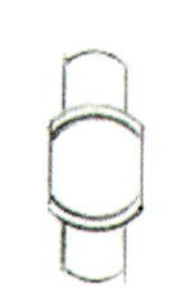

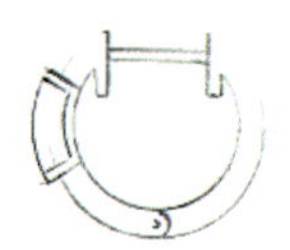

(2)然后简单刻画金属的明暗交界线(注意保持三视图之间比例和结构关系)。

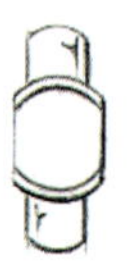

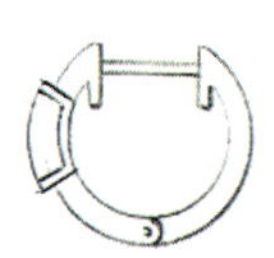

(3)接着仔细画出钻石镶口的排法和透视关系。

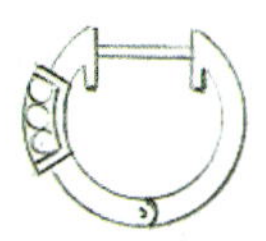

(4)画好耳环全部细节后勾线、上色并画出阴影效果，使耳环立体、逼真、富有金属质感。

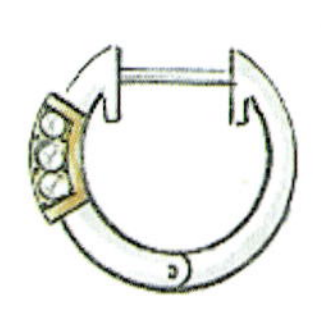

第三节　胸针标准设计图表现技法

胸针标准设计图画法流程如下。

(1)　　　　(2)

(1)首先用直径为 0.3mm 的自动铅笔勾勒出胸针的大体轮廓线。

(2)然后画副石和细节部位。

(3)接着画出金属的光影效果并利用针管笔勾出整体轮廓线。

(4)最后用水彩笔着色,表现出金属阴影效果和立体感。

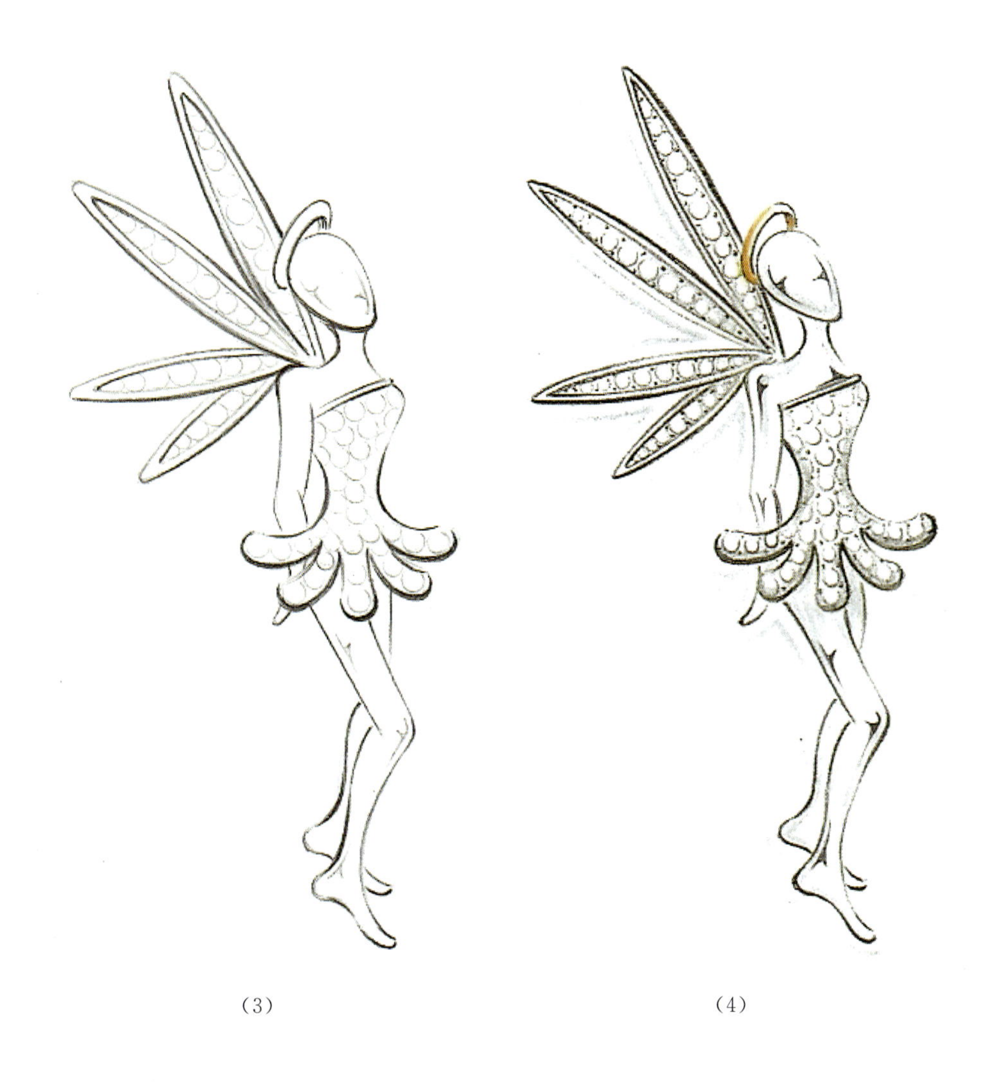

（3）　　　　（4）

第四节　戒指标准设计图表现技法

女戒立体图的画法流程如下。

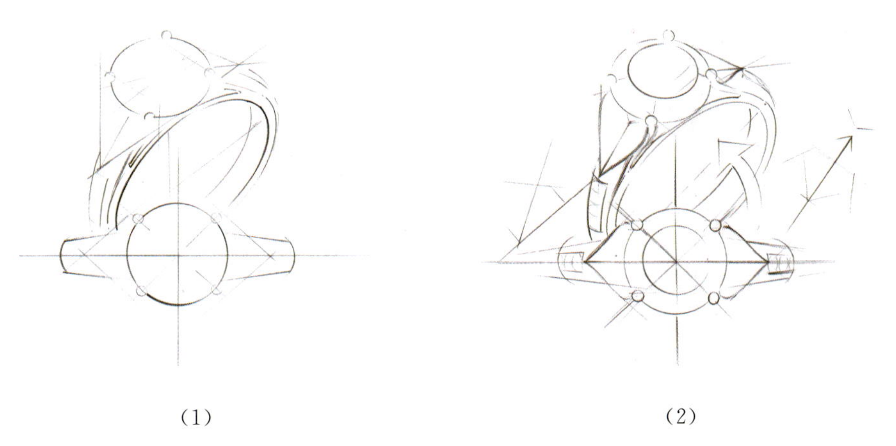

（1）　　　　（2）

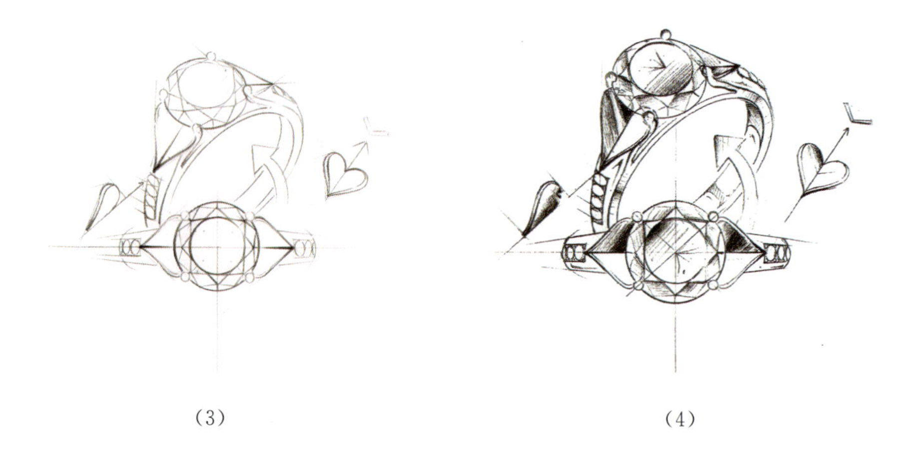

（3）　　　　　　　　　　　　（4）

（1）首先用直径为 0.3mm 的自动铅笔先在纸上定位并构图，然后勾勒出戒指的立体大体轮廓。

（2）再表现出戒指的立体透视感觉和钻石的透视刻面。

（3）接着进一步仔细画出钻石的切割面并表现其整体透视感。

（4）最后用针管笔勾线，用自动铅笔表现戒指的阴影效果和金属质感，使得整个戒指显得立体、逼真。

以下是标准的手绘设计图稿赏析。

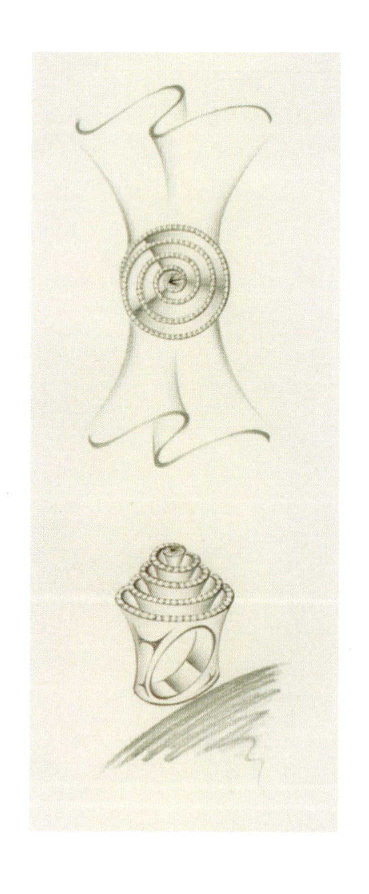

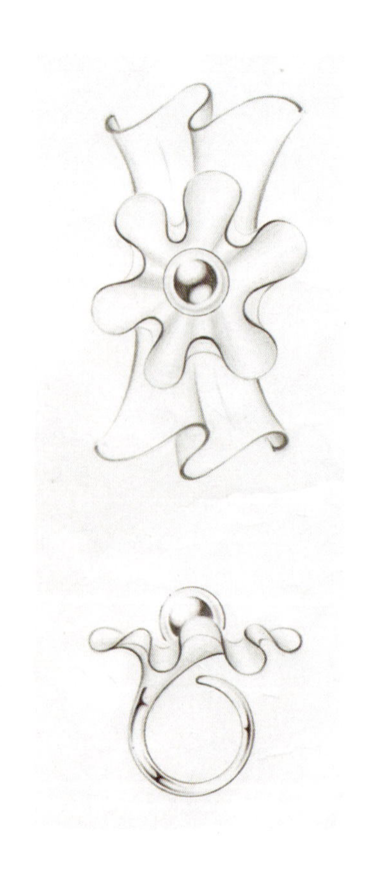

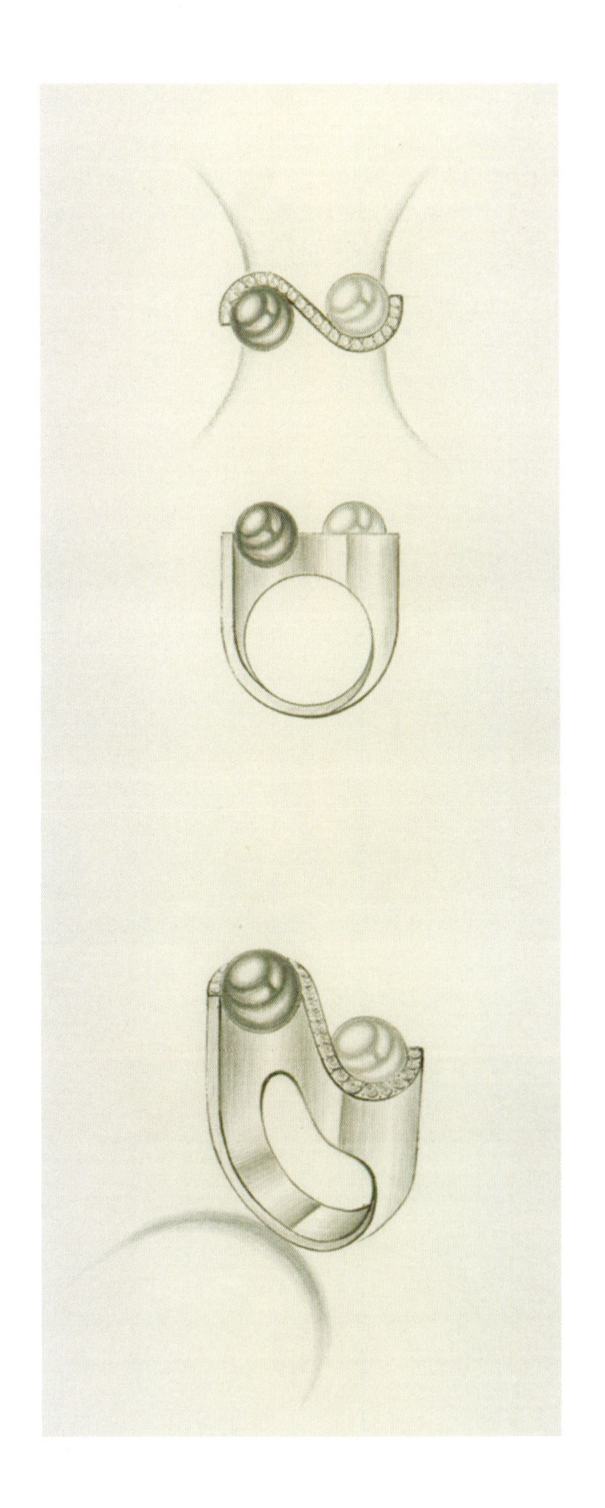

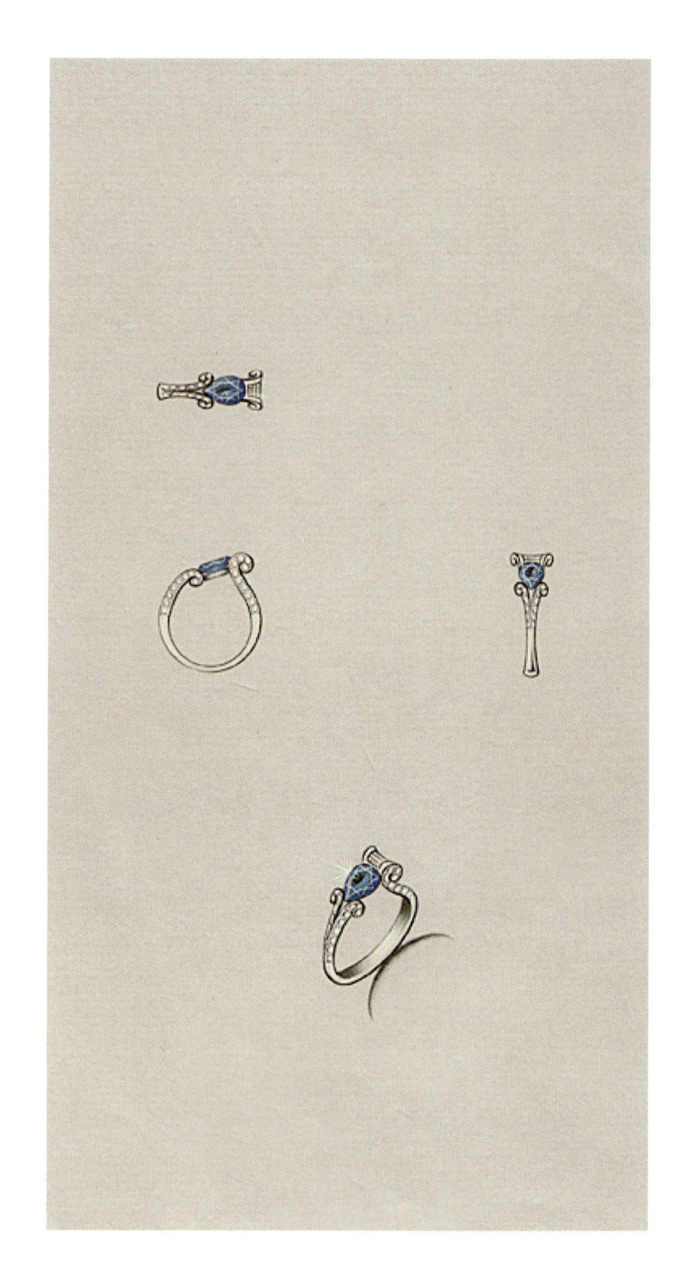

第五节　水粉绘画技法流程

水粉画法是以水调和含胶粉质颜料来表现色彩的一种方法。它吸取了水彩画法的优点——既透彻、明快，又抽象、细腻；它也吸取了油画画法的优点——既清新、厚重，又严谨、奔放，适合绘制正稿。

水粉绘图需要的工具有水粉颜料、小毛笔和勾线笔、彩色铅笔、黑色卡纸、绘图铅笔等。

水粉画法技法流程如下。

(1)先用绘图铅笔在黑色硬卡纸上构图,勾勒出首饰的大体轮廓。

(2)再用勾线毛笔蘸着调好的半透明状白色颜料沿着已勾好的首饰轮廓上第一次底色。记得第一次上色要薄而清透(注意赋予其恰当的明暗虚实关系),因为这样便于后面的层层深入着色。另外,首饰的高光处和反光处也可适当留白以便于后面上色。

(3)然后循序渐进地加深色彩。加强首饰明暗虚实的效果,并对细节进行处理(如钻石的透视效果表现手法)。

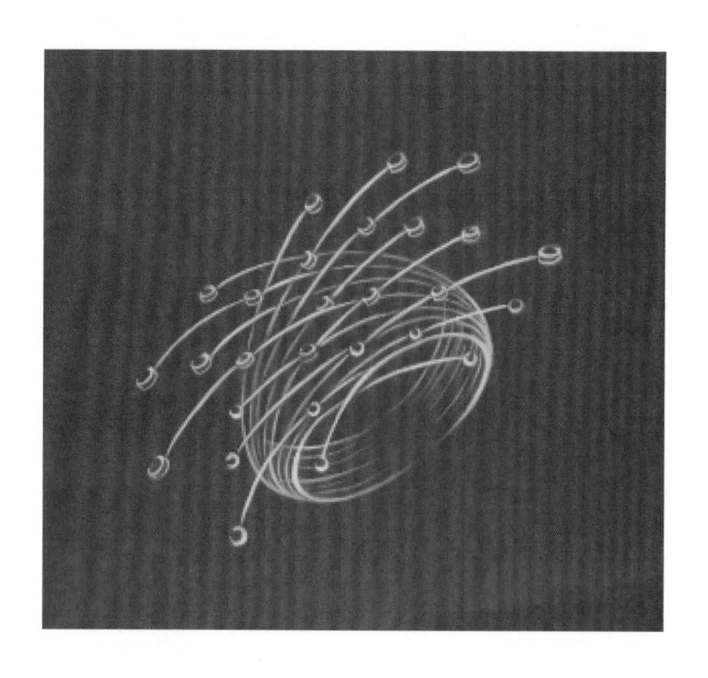

(4)接着用比较细的勾线笔着重勾画细节部位(如首饰图的明暗关系和钻石的透视效果)。首饰整体的虚实相间,具有立体感。

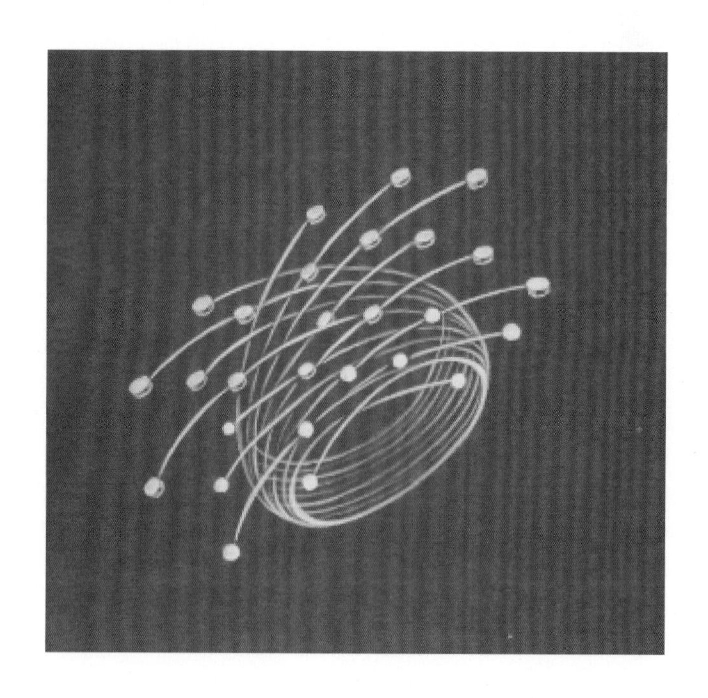

(5)最后仔细检查细节的处理效果,也可将其放在远处,看整体效果。如果自己感觉满意的话,就给钻石的高光地方添加星光效应,这需要把颜料适当地调浓点在高光处,使作品更加生动而又灵性。再画出首饰的投影。这样,整件作品完成。

以下是水粉效果图作品赏析。

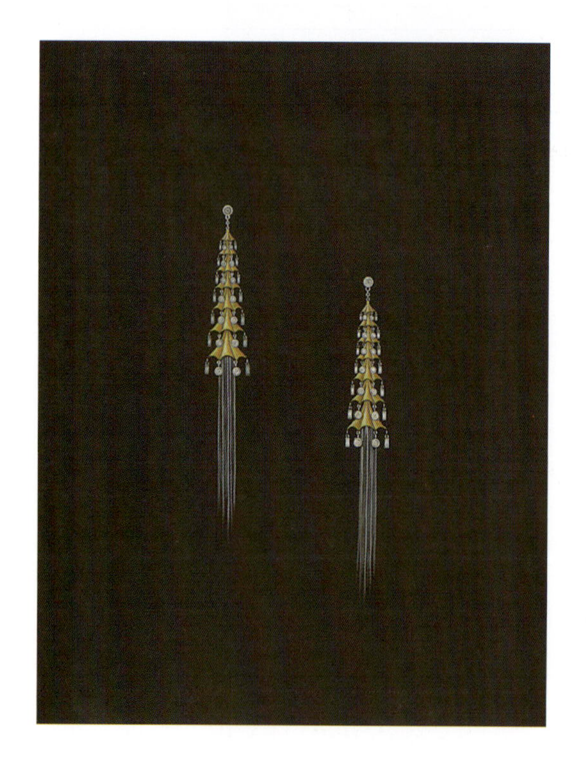

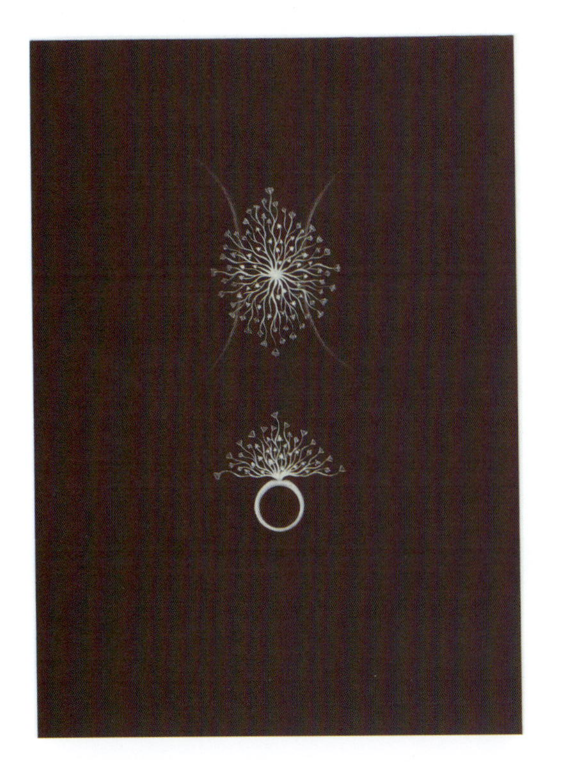

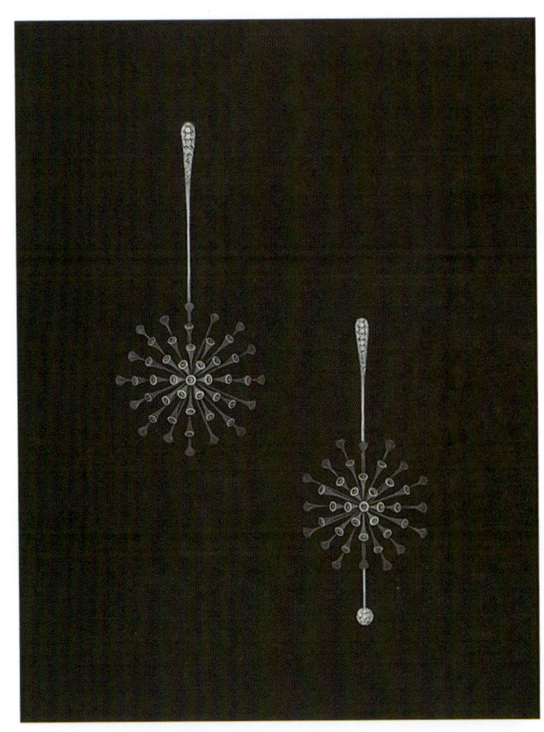

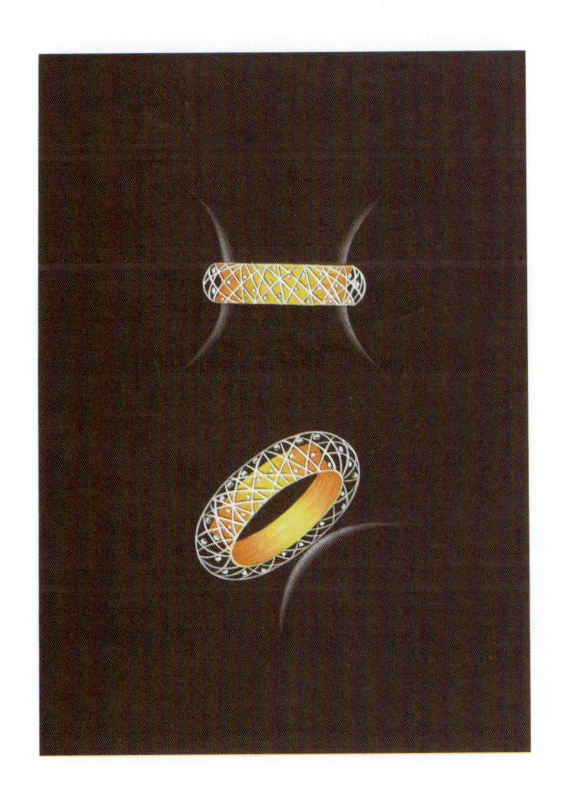

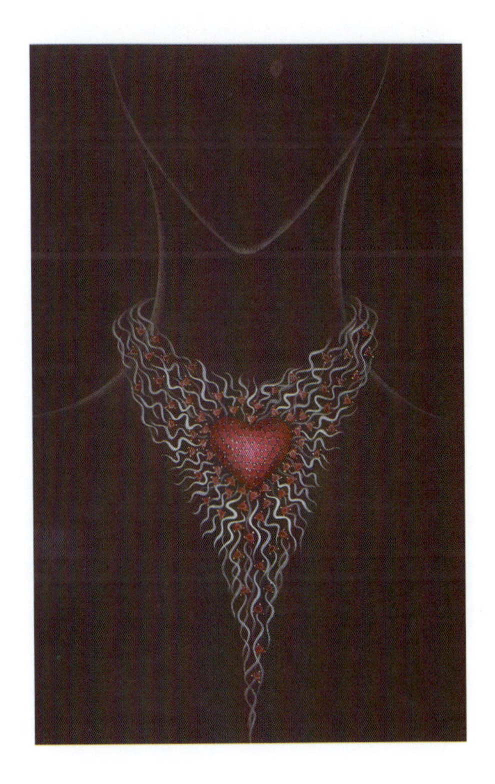

第四章

珠宝设计与手绘流程

第一节　手绘设计概述

一、手绘设计的定义和内涵

手绘设计是指设计师在掌握基本的绘画方法和技巧的前提下，用手表现设计思想和传递设计概念的技能，是设计师内心感知依靠技能表达赋予的设计形式和审美意识，也是设计师的设计理念与艺术修养的体现。它用准确、便捷、快速和与之适应的技法将设计师大脑中瞬间产生的某种意念、思想、形态迅速地在图纸上记录并表达出来，并以一种可视的形象与客户进行视觉交流与沟通。在这个过程中，设计师通过眼（观察）、脑（思考）、手（表现）高度的结合，以直观的图解思维方式来表达设计创意的理念。

二、手绘设计的起源和发展

手绘设计的形成阶段，也就是最早意义上的手绘设计，可以追溯到原始社会石器时代。人类利用图示语言进行交流，将生活中频繁接触的实物通过手绘形式在岩石上表达出来，用于认识实物和交流，既启发了人类的形象思维，同时也提高了人类的创造能力。步入文明时代，手绘设计开始得到真正的变革和发展。如今，手绘设计已经普及到各个行业，成为这个时代新生事物的一个母体，经过手绘这个孕育过程，融入创意“养分”便产生了设计。

三、手绘设计的实质和原则

手绘设计并非一般的传统意义上的绘画。所谓设计，是设计师用来表达设计意图、规划设计理念、实施设计想法的途径。它既是一种语言，又是情感的组成部分，是用绘画的手段实现内心渴求的过程，也是从意念到图纸的将设计构思与设计实践升华的过程，更是传达设计方案、架起设计师与世界沟通桥梁的实现过程。

手绘设计必须要遵从以下几个原则。

(1)情感的原则。即尊重内心诉求，表达真实情感。

(2)包容的原则。世界是一个大家庭，设计应学习并包容每个国家和地方的文化习俗。

(3)合理的原则。尊重应用，设计可以是天马行空的过程，但要尊重应用，适合制作。

四、手绘设计的特征和作用

(1)共同性。手绘设计传达设计方案的第一要义是全面掌握绘画技巧，应用类同的工具实现内心与外界对话的愿望。

(2)秉承性。设计的秉承性体现在传承传统文化，并将其继续发扬。

(3)差异性。设计的差异性具体表现在作品所反映的地域特征、文化根源、历史背景等方面的不同。

(4)时代性。设计是一个时代的标志，要具有时代感，不可与时代脱节。

(5)针对性。不同的行业对设计的要求不同，需要有针对性。

第二节　手绘设计流程

一、确立设计主题

确立设计主题，首先设计师要清楚地知道自己需要表达的内心愿望(是要体现民族风韵还是要融入乡土情结，是融入一个故事，还是切入一个时代的标志)。设计师赋予作品的内涵全部体现在其设计主题里面。同时，确立设计主题也是应用隐喻、象征等形式对古典、乡土、生态、生活等概念做出当代意义的诠释的过程。

若想要确立一个好的设计主题，首先要了解设计目的。设计目的是以“人”为本，这个“人”包含了作为生物的人和作为社会成员的人，为生物人服务必须满足以下几点。

(1)生理特点。即满足人们的生活及生理需求。

(2)设计作品和生物人之间具有良好的关系，可以通过对设计作品的材料、技术、价值进行分析，将环境保护作为重点。

(3)设计作品和生物人能够良好地沟通，如可通过设计作品的包装、广告以及陈列等手段达到良好的沟通效果。

而满足社会人的需要要从设计作品的以下几个方面来谈：审美功能、象征功能、教育功能。

设计因设计目的的不同，其含义也多种多样。设计可以理解成是为了适应人们的不同的要求而达到某个层面水平的表现活动，其目的是为了整理思路、丰富内容、发现创意。美术领域的设计，除了有所有设计共通的含义之外，还要有以怎样的方式宣传一种思潮、一个产品的含义。明确了设计目的，设计师自然就清楚地知道思维的方向并确立了设计主题。下面以蛇为主题，详细解析如何确立设计主题。

前面我们讲了设计的目的。现在假设我们的设计对象是社会人，而且这个社会人是一个干练、知性的成熟女性，正值适婚期。她需要一款既有装饰意义又有象征意义的珠宝首饰，而这个象征意义是要让异性知道她想嫁人了。基于这样的假设，我们会从万千个符合这两个功能的命题里面筛选，最终选定适合她的命题——夏娃的诱惑。这是《圣经》里面的一个神话故事，讲的是夏娃未能经得住蛇的诱骗偷食禁果而被上帝赶出美丽的伊甸园，启示人们要远离诱惑、经得住考验。

首先确定了命题“夏娃的诱惑”，因此设计的主题是蛇，接下来要了解蛇的特点。蛇是人们敬畏的动物，身体细长，身体表面覆盖鳞片；同时，蛇还是具有诱惑力的动物，传说中的汉族祖先中亦有不少是蛇的化身，比如女娲、神农、伏羲等。因为种种原因，人们对蛇存在着一种极其矛盾的情感——既敬畏又惧怕，人们虽然讨厌它丑陋的外表，但又膜拜它(因它具有神秘色彩)。于是，蛇这种人类无法亲近的动物被幻化为人们颈上、腕部、指尖的绚丽装饰品。

主题是一个故事的主角，是一件设计作品的灵魂，但其表现形式不唯一，就像一个故事里可以有多个配角，但前提是所有的配角都必须服务于主角。

下面是以蛇为主题的作品欣赏。

1. 素材图

作品《夏娃的诱惑》
(设计者:李慧梅)

2. 成品图

二、选择设计素材

素材是一件作品成功的关键。是设计师从现实生活中搜集到的、未经整理加工的、感性的、分散的原始材料。这些材料并不能直接植入作品之中。但是，这种生活“素材”，如果经过设计师的集中、提炼、加工和改造，并融于作品之后，即可成为“题材”。

素材分类，简单讲就是把素材分门别类，既可以有目标地寻找素材，也可以把收集来的素材按类型整理。但我们要清楚这个分类只是一个大致的分类，是为了我们更为快捷地寻找到素材的便捷之路，但并非是绝对的归类。同样的素材可以用到不同的命题之中，起到不同的效果。这也恰恰说明，一个素材会具有多重身份，既代表着表象的身份又暗含着另一层意思(后面我们会具体讲到)。

1. 具象素材

在现实生活里面，有具体形状的物体并且可以整理出来作为素材的图像可统称为具象素材。如:房舍建筑、花草树木、飞禽走兽、海洋生物、飞机轮船、桌椅碗筷等。整理可根据确立的主题选择自己需要的素材。

下图为具象素材的实例。

以竹子作为素材的 K 金手镯，从选择素材到成品的演变过程

以花草作为素材的镶嵌戒指\吊坠，从选择素材到成品的演变过程

以蝴蝶作为素材的镶嵌胸针，从选择素材到成品的演变过程

美的东西可以给人带来视觉上愉悦的享受，恰到好处是美的极致。而蝴蝶和花就像大自然赐予人类最赏心悦目的礼物，美得无与伦比，美得高贵纯洁。也正因为如此，引来无数文人仰慕的目光，于是或直抒向往之情，或曲笔委吐心声，或正面映衬渲染，或以此言志，寄希望与此。

当然人们抒写蝴蝶和花不仅仅是因它们的美丽，还有对其信念执著的钦佩。在它们身上，承载着人们多样执著的信念，有对生命的执著，对自由、爱情永恒的追求，对美丽至终不渝的期待。

因此，蝴蝶和花成为传情达意的符号，在文人点石成金如椽大笔下，经过语言的包饰与程式的渲染，成为“具有惯例性质的意向模式”而存在。这一母题的内涵中积淀着人们对美的深厚的渴望和对价值的诉求。

以昆虫、动物作为素材的镶嵌首饰，从选择素材到成品的演变过程

2. 故事素材

所谓故事，可以解释为旧事、先例、典故、花样等含义。我们通过一个故事、一部诗词，或一首歌赋，把故事核心精神融合并浓缩在一件设计作品里面，体现并突出精髓。以下面这件作品——《鹊桥相会》为例。以美丽的故事作为素材，引申出一件首饰设计作品。

牛郎织女——中国传统的民间爱情神话故事，一个美丽的千古流传的爱情故事，从牵牛星和织女星的星名衍化而来。人们浓墨重彩，喜欢借此寄情。也因此有了"七夕节""鹊桥会"等人们耳熟能详的纪念节日，并成为情侣爱情的见证日。

3. 寓意素材

所谓寓意，指寄托或蕴涵的意旨或意思。或取其谐音，或取其性情，或取其形状。这是一种设计师最常用的素材，也许更符合中国国情。中国人含蓄，喜欢借物寄情，借物喻意。前面在具象素材里面我们讲到具象素材有表象的一层意思还有暗含的另一层意思，这就是寓意。如葫芦常用来寓意福禄，四季豆寓意四季发财、四季平安之意，苹果寓意平安圆满，钥匙寓意时来运转等。有人期望消灾解难、延年益寿，也有人寄托升官发财、家人平安健康的愿望等。寓意题材不仅在传统的中国首饰中广泛应用，在现代的珠宝设计作品中也常常被采用。

寓意类素材作品欣赏

用字母、英文替代汉字表达情感，更加简洁、含蓄、内敛，且字母既有图腾的柔美又有建筑的刚毅等特征，所呈现出的美态也适合各个年龄层。基于此，字母在设计作品的体现中更加是座上宾。

在寓意素材里面，能够寄托情爱的素材最受设计师欢迎，如字母“LOVE”、心形、玫瑰等。当代人类的精神设计的体现，常常是将一些作品赋予一定的语言手法，通过侧面和暗合等间接的手段表达真正想要诉说的意愿，真实体现出千呼万唤始出来、犹抱琵琶半遮面的意境，以及空山不见人、但闻人语响的境界。

人们赋予花各种高贵的品格，以此来借物喻人，或歌颂，或缅怀，或借鉴。花让设计师有了更多的灵感和发挥的空间。也因此，珠宝可以像鲜花一般绽放，也可以像鲜花一样绚丽，更能让爱意浓情在坚定永恒的同时定格在刹那间。

4. 信仰素材

信仰是人类心中的绿洲，也是精神的劳动，信仰同样是一种标志。每个人的精神上都有几根感情的支柱，对父母的、对信仰的、对理想的、对知友和爱情的感情支柱。信仰仿佛一盏心灵的明灯，引你走向漫长的人生之路。所以信仰素材同样得到广泛的应用。

十字架是最古老的，具有神秘意义的标志。十字架这个远古就存在的符号，代表了太阳，也象征着生命之树。是一种生殖符号，竖条代表男性，横条代表女性。如今是基督教的标志。

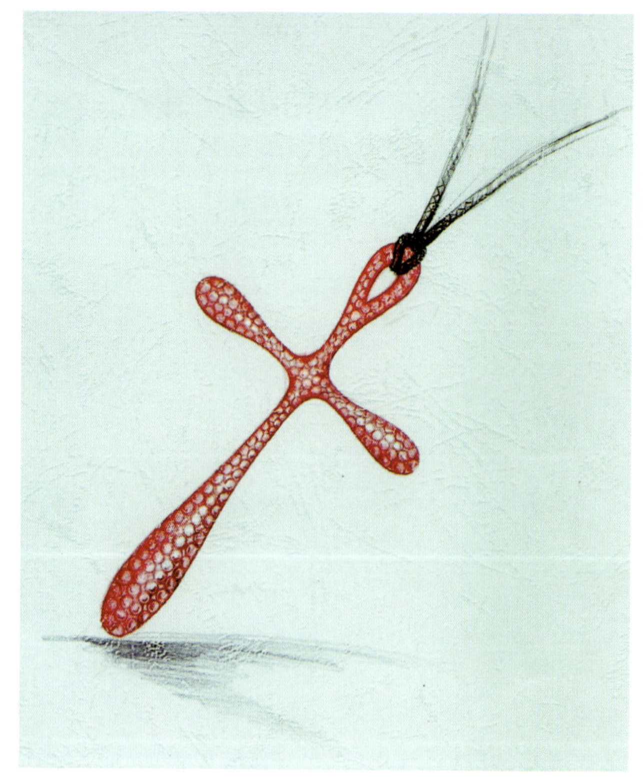

5. 意境素材

意境素材是指活跃着生命律动的、韵味无穷的、诗意般的情调和意境。古人曰:“作诗之妙,全在意境融彻。”当然我想首饰之佳,在于耐人寻味。意境素材一般会以画面、机理等方式呈现出来。

此款胸针写意浓重,意境深远。令人想起江南园林一处小景,竹林、飞檐翘角、九曲回廊。一只羽毛艳丽的鹦鹉正在浅唱春意,与景色浑然天成,辉映成趣。点石成景,宛然如画。记忆的深处,那是故乡的庭院,还有儿时挥之不去的美好……

秋荷一滴露，清夜坠玄天。将来玉盘上，不定始知圆。

不论平地与山川，无限风光尽被占。采得百花成蜜后，为谁辛苦为谁甜？

此事天公付我，六月下沧浪。蝉蜕尘埃外，蝶梦水云乡。

6. 节日素材(婚庆素材)

节日素材是以各种节日为导向,根据节日特性在日常生活中衍生出来不同节日、不同文化特色等特点,而产生的一种主题。这种主题节日最典型的有情人节、母亲节、儿童节等。根据不同节日收集对应的素材。

情人节首饰资料欣赏

三、勾画创意草图

确定设计主题，选择好素材后，就开始勾画创意草图。勾画创意草图是指以目测估计图形与实物的比例，按一定的画法要求徒手绘制。我们以玫瑰为素材，勾画一幅草图。如图所示。

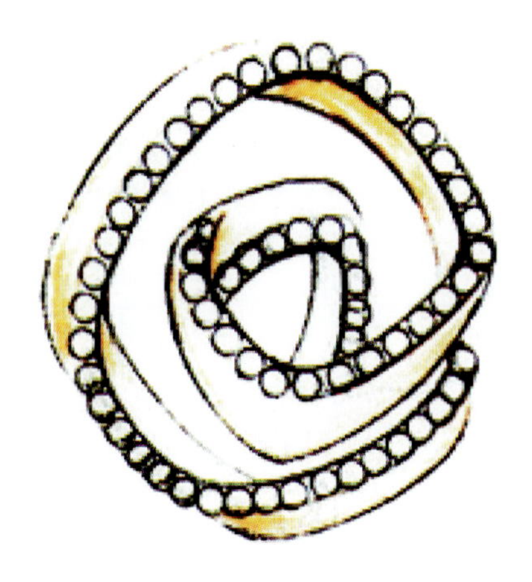

四、绘制工艺图

绘制工艺图的目的是在于分析产品，对所需材质的尺寸、质量、宝石的大小、数量，以及款式结构提供有价值的详细图解。这也是完全实现设计师最初创意关键性的一步。

如图所示。

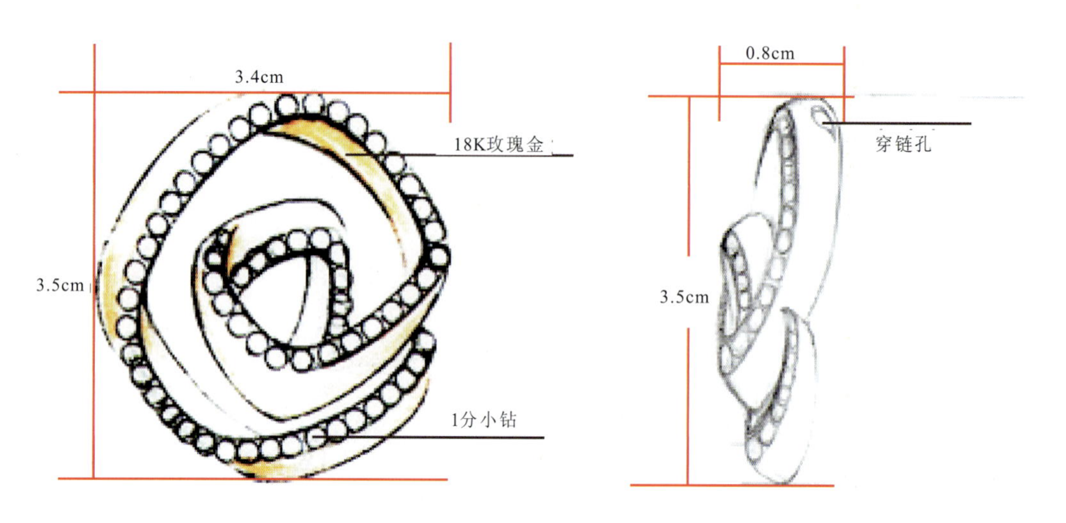

五、绘制效果图

效果图是通过图片等传媒手段来表达作品所需以及预期达到的效果。效果图的主要功能是将平面的图纸三维化、仿真化，通过高仿真的制作，来检查设计方案的细微瑕疵或进行项目方案的修改推敲。手绘效果图顾名思义是利用设计师长期锻炼出来的功底通过笔画来表现一个物体概况。手绘效果图需要比较扎实的绘画功底，才能将自己的设计意图表现的栩栩如生。

第三节　手绘设计案例解析

一、以点为元素的表现形式设计案例

点元素是首饰设计中最灵活的造型元素，它能够引导视线，成为视觉焦点。作为首饰中的设计细节，点可以是平面的，也可以是立体的；可能是方的，也可能是圆的；可能依附于某处，也可能独立成型；甚至还具备色彩、质感等个性因素。从主石到配石，从图案到商标，“点”在首饰中的表现十分丰富。由于其突出、醒目、有标明宾主的作用，因此易于吸引人们的视线。

点元素在手绘珠宝设计中的运用可以大致分为标志性点、装饰点以及以点为基形的造型设计等几个方面。

1. 以点为基形的设计案例

以点为基形的首饰设计，点占主导地位，具有画龙点睛、一目了然的作用，同时，点的大小、形状、数量、位置和排列都会给人以不同的感受。所以要了解点给人带来的感官享受。圆形的点给人饱满、充实、完整、浑厚的印象，方形的点让人觉得坚实、冷静、规矩、稳定，三角形的点给人紧张、向心和警觉的感觉。在设计运用中要结合首饰的风格，区别对待。

2. 标志性点元素的设计案例

标志性点主要表现为产品界面上的品牌标志、纪念性文字、图标等增加产品识别性的点元素。其所处界面中的位置、大小以及色彩都对产品形态产生重要影响，带来不同的效果。点元素的运用也可以根据其体现首饰材质质感、肌理来取决点元素的位置、大小及排列。在整体中点元素可突出意图，起到锦上添花的作用。

3. 装饰点元素的设计案例

装饰点是通过点阵排列，打破产品中过于呆板、简单的表面，起到装饰美化产品表面的作用。装饰点在首饰中的运用通常用来强调首饰的主题部分，一般的表现形态为钻石、各种彩色宝石、花卉、图案、镂空花纹等。它们都有共同的特点，就是突出重要部位，加强主题构成。在装饰点的设计中要求遵循形式美原则，左右平衡、疏密变化，感受点的分布带给观者视觉的不同感受。比如点弯曲分布成曲线给人以流动的韵律感和柔和感，无秩序的点自由分布给人以活泼和灵活感，多个点排列成直线给人以坚毅感和硬朗感。这些点的使用，有助于产品传达设计目的，丰富观者的视觉经验。

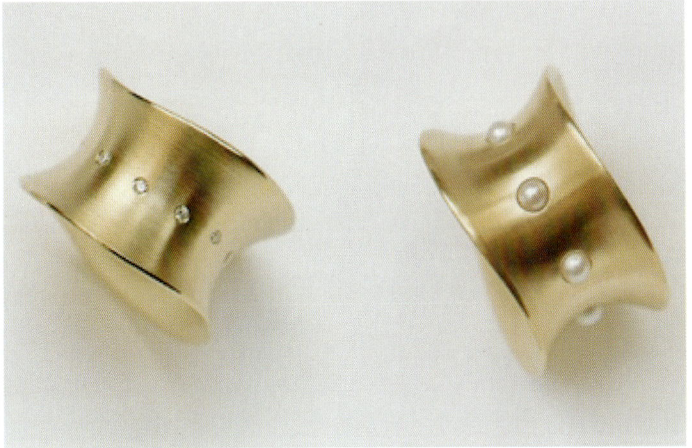

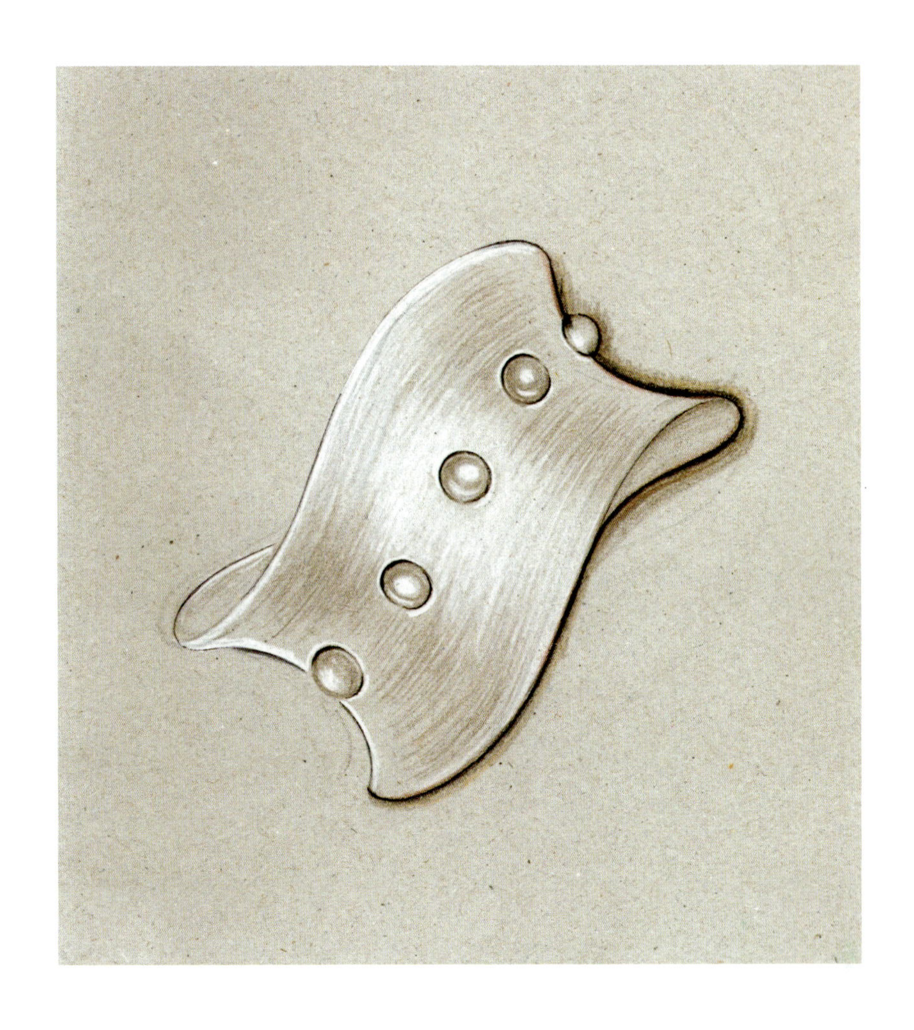

二、以线为元素的表现形式和设计案例

所有的艺术形式都是通过线条的结合而展开的，而点运动的轨迹就是线。线条以其独有的方向性和运动性，赋予了自身丰富的内容和表现力。

“线”在珠宝首饰造型中同时具有二维和三维空间属性，它既能构成多种形态，又能起装饰和分割形态的作用。而且线比点能表现出更强的感情和性格。

线又分为直线（垂直线、水平线、斜线、折线）和曲线（弧线、断续线）两大类，它具有长度、粗细、位置以及方向上的变化。但在首饰设计中极少用到单纯的垂直线、水平线、斜线和折线，可能更多意义上的直线是视觉上营造出来的一种冲击力。不同特征的线型给人以不同的感受。例如水平线平衡感强，垂直线支撑重心稳，倾斜线自由奔放，折线略显呆板又不失优雅，弧线有张力和动感。在首饰的二维空间中线条可表现为外轮廓、造型线、分界线等。在三维空间中线条又表现为支撑线、造型线、独立的点缀线。设计师应感受线条的表现力和形式美感，体会线条在首饰形态美的构成中的重要地位，尝试用线条表达心中的感受，创作美丽的艺术作品。

垂直线的设计案例

水平线、斜线、折线的设计案例

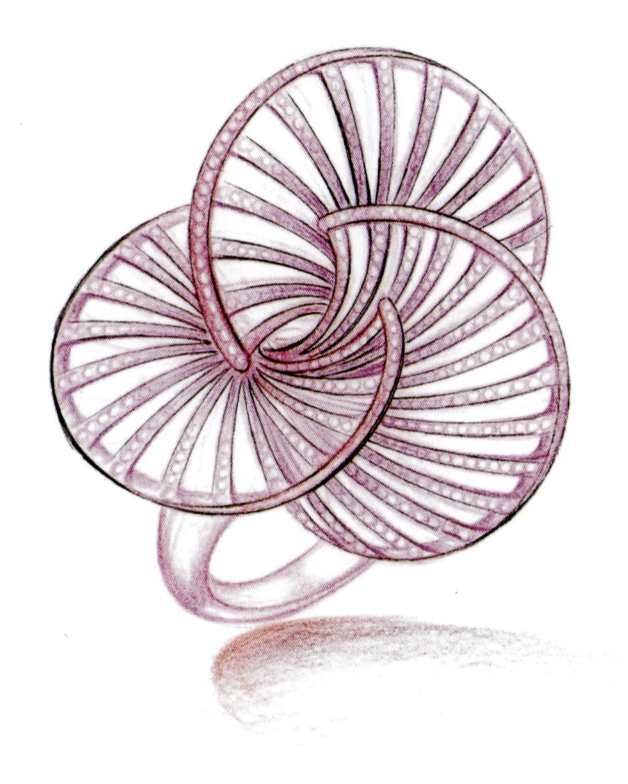

曲线(弧线)的设计案例

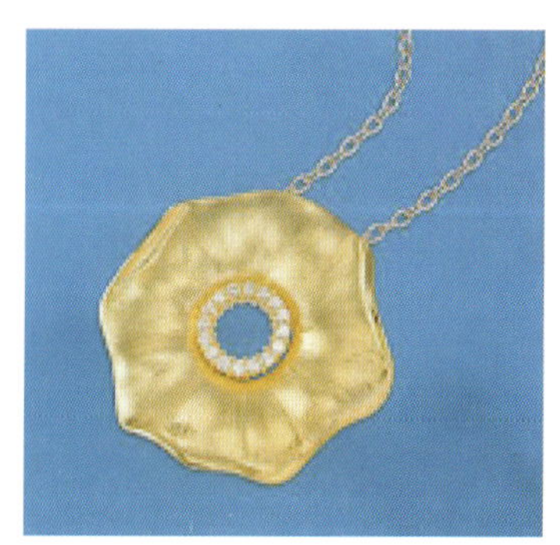

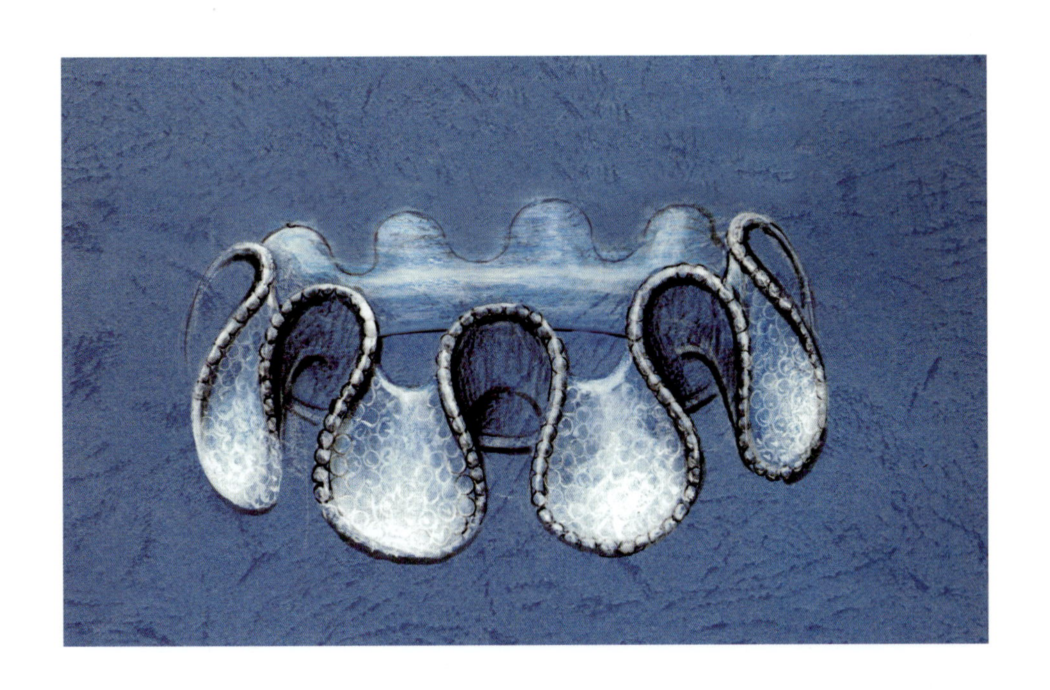

曲线(断续线)的设计案例

Huimei

三、以面为元素的表现形式和设计案例

线的移动形迹构成了面，所以面又因线的形态不同构成不同的面。直线构成正方形、长方形，斜线构成三角形、多边形，曲线构成圆形、椭圆形、不规则偶然形等。同样不同形态的面具有不同的特性。如：正方形、长方形给人理性、中性感，三角形、多边形给人稳定或不稳定感，圆形给人饱满、圆润感等。在首饰设计应用中，面与面会有很多的分割组合。面的组合、重叠、交错也会形成新的形状的面。面的形状千变万化，同时面的分割组合、重叠、交错所呈现的布局又丰富多彩。它们之间的比例对比、机理变化和色彩配置，以及装饰手段的不同应用能产生风格迥异的珠宝首饰艺术效果。

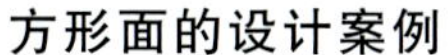

方形面的设计案例

j'code

三角形面、多边形面的设计案例

圆形面的设计案例

椭圆形面的设计案例

不规则形面的设计案例

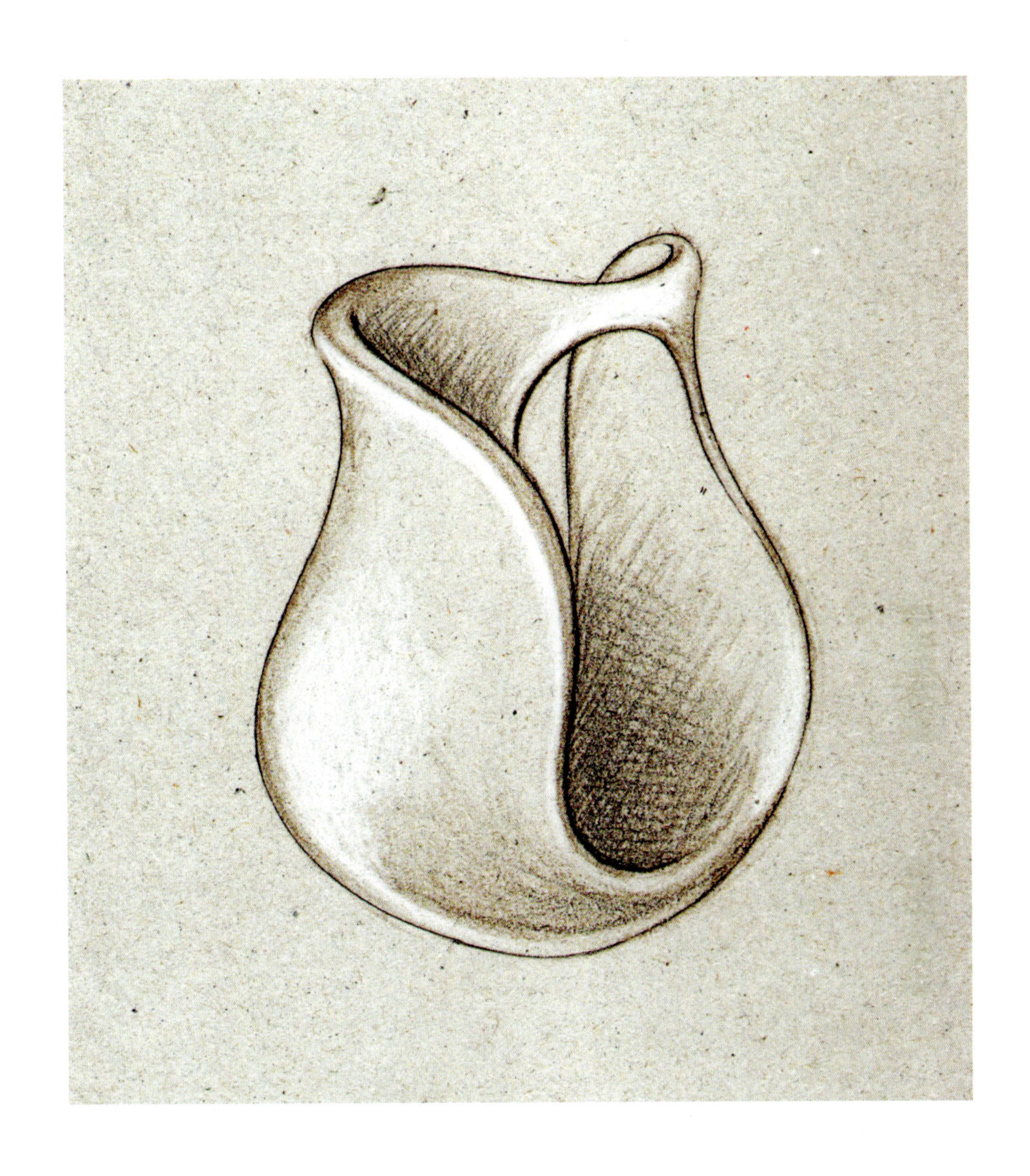

四、体的表现形式和设计案例

所谓体是指由面与面的组合而构成的，更为准确地讲是由点、线、面、体四个要素共同组成的一个立体形态。具有三维空间的形态。同样不同形态的体具有不同的个性，同时从不同的角度观察，体也会表现出不同的形态。

面与面的组合构成体，所以面又因面的不同形态构成不同的体。正方形面构成正方体，长方形面构成长方体，三角形面构成金字塔体，不规则的面会构成不规则的体，而不同的面和面组合会构成别具一格的体等。

体是自始至终贯穿于首饰设计中的基本要素，设计者要树立完整的立体形态概念。一方面要符合首饰在佩戴中的形态需要，另一方面要通过体的创意性设计使得体更别具风格。

正方体的设计案例

长方体的设计案例

球体的设计案例

不规则体的设计案例

各种组合体的设计案例

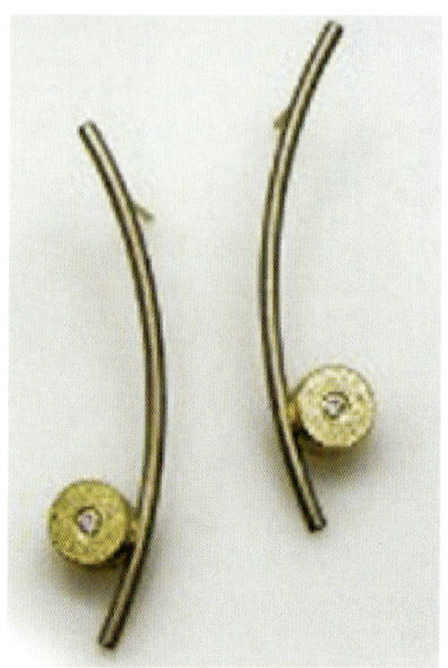

第五章

珠宝首饰设计大赛

一、概述

珠宝首饰设计大赛主要是通过创新设计来推动产业的升级，提升行业的竞争力。珠宝首饰设计大赛以行业协会和政府主办的居多，也有少数是由企业和院校举办的。主办方的性质不同，推广的目的不同。对于世界黄金协会、铂金协会、戴比尔斯、大溪地珍珠等大型的非牟利协会机构而言，它们希望通过设计师的创意来提出新的设计理念和研发，推广新工艺。珠宝厂商会主要是为了推广自己的品牌。

二、国内几个重要的设计大赛

1. 中国珠宝首饰设计大赛
2. “中国金都杯”黄金设计大赛
3. CHINA 国际珠宝设计大赛
4. E. F. D 公主方钻首饰设计大赛
5. 黄金畅想首饰设计大赛
6. “意彩石光”彩色宝石创意设计大赛

三、国际几个重要的设计大赛

1. 戴比尔斯国际钻石首饰设计大赛
2. 比利时 HRD 钻石首饰设计大赛
3. 国际南洋珠首饰设计大赛
4. 国际大溪地珍珠首饰设计大赛
5. 香港最受买家欢迎首饰设计大赛

6. 香港珠宝设计大赛
7. IU 国际彩色宝石设计大赛
8. 香港足金首饰设计大赛
9. 美国 AGTA 有色宝石设计大赛
10. “冠军中之冠军”国际珠宝设计大奖

第一节　设计比赛创作流程案例解析

案例：2007 年第五届国际大溪地珍珠首饰设计大赛冠军作品《司南》(设计师：潘焱)

一、探讨主题，充分联想

首先从这次大赛的主题“星之韵乐”开始探讨。本次比赛的主旨是希望设计师从浩瀚无垠的宇宙中寻找灵感，然后将大溪地珍珠那独特魅力结合设计师天马行空的创意来演绎本次“星之韵乐”的设计主题。

首先拿到这样的设计主题，可能很多设计师就马上会运用头脑风暴来联想有关宇宙的所有元素(包括星辰、太阳、黑洞、星空等)，灵感来源非常广阔。头脑风暴式的思考时间因人而异，有些人可能只需花一两天时间而有些人可能花一周或者更多的时间来寻找自己的灵感。这些灵感有可能是一种自然现象，有可能是一张宇宙景象，甚至有可能是和宇宙有关联的元素

和符号等。找到了让自己非常有感觉、能触发灵感火花的一瞬间，接下来就要进一步思考这个灵感怎么和大溪地珍珠很好地融合来演绎“星之韵乐”这个主题。

经过漫长地思考和联想，笔者突然想起了我国的四大发明——司南，这个民族智慧的结晶不仅造型独特，而且也很切题，能很好地弘扬中国文化。接着笔者就搜集了大量有关司南的图片及资料，然后深入思考怎么创作此作品，并不断地勾勒雏形。这个阶段需要参赛者细心、周全地考虑每一个细节问题，包括设计的原创性、整体设计的艺术性、主题的演绎、材料、工艺的运用等，这些都很重要也往往能体现参赛者的水平。同一个主题，同样的元素，由于每个人的思考深度和综合素质的不同，导致创作出来的作品风格和内涵也有所不同。

在对大量的草稿雏形进行不断修改和提炼最终定稿的基础上，接下来就要开始画正稿了。参赛者需要有扎实的绘画功底和良好的表现技法，这样，才能通过作品表达自己的设计理念。画正稿一般需要花一两天的时间完成，其间还要不断地对设计图进行改进和完善。最后需要写创意说明，这很关键，只有通过文字叙述将灵感完全传递给评委们，他们才会和你的作品产生共鸣。

二、作品《司南》的绘画流程

(1)首先用铅笔在图纸上定位并构图,勾勒出“司南”的大致轮廓。

(2)再画出珍珠,使设计初稿的整体轮廓成型。

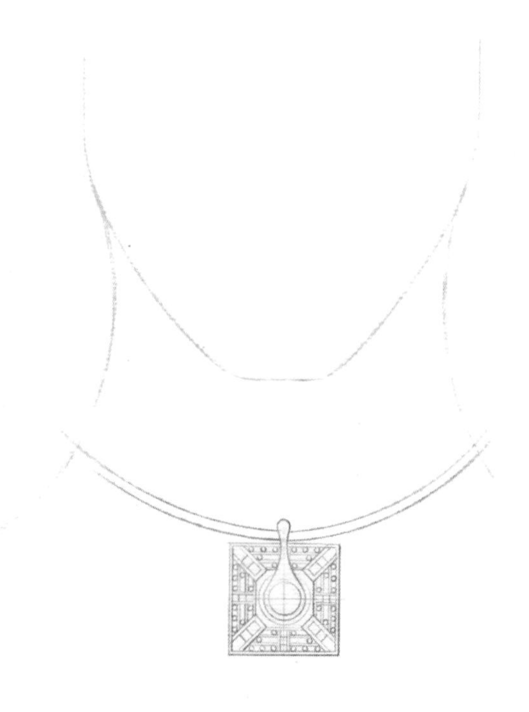

(3)用针管笔勾勒出“司南”的轮廓线，正稿定性之后把铅笔痕迹擦去。

(4)下面开始正式画效果图。先用彩铅打上大体的阴影效果和珍珠的明暗交界线并留好高光和反光面。

(5)接着进一步对黄金的阴影效果和珍珠色彩进行描绘。

(6)最后用水彩笔把黄金部分的金属质感面画得更加立体、逼真，并用粉红色和银灰色彩铅表现珍珠光影效果，使珍珠显得更逼真、更迷人。

下面是最后做出实物的标准效果图。

三、案例解析

这件《司南》作品灵感显然不是直接来源于宇宙元素，而是来源于民族文化元素符号。该作品既富有浓郁的现代气息又蕴含着中国传统文化，时尚与经典共存，将大溪地珍珠的独特魅力和神秘的东方文化完美地融合在一起。

笔者一直在通过设计作品传达东方哲学——简于形，智于心。即让设计风格简洁但蕴含浓郁的中国文化底蕴，具有文化底蕴和灵魂才是首饰真正的价值所在。

四、总结

设计师设计参赛作品需具备以下三大要素：

(1)思想要有高度——要想到别人所没有想到的；

(2)视野要有广度——要有很广阔的创作视野；

(3)专业要有深度——要有丰富的经验和纯熟的技术。

第二节　设计大赛获奖作品赏析

2005 年第五届国际南洋珠设计大赛优秀奖作品《无题》(设计师:潘焱)

《无题》作品正面图

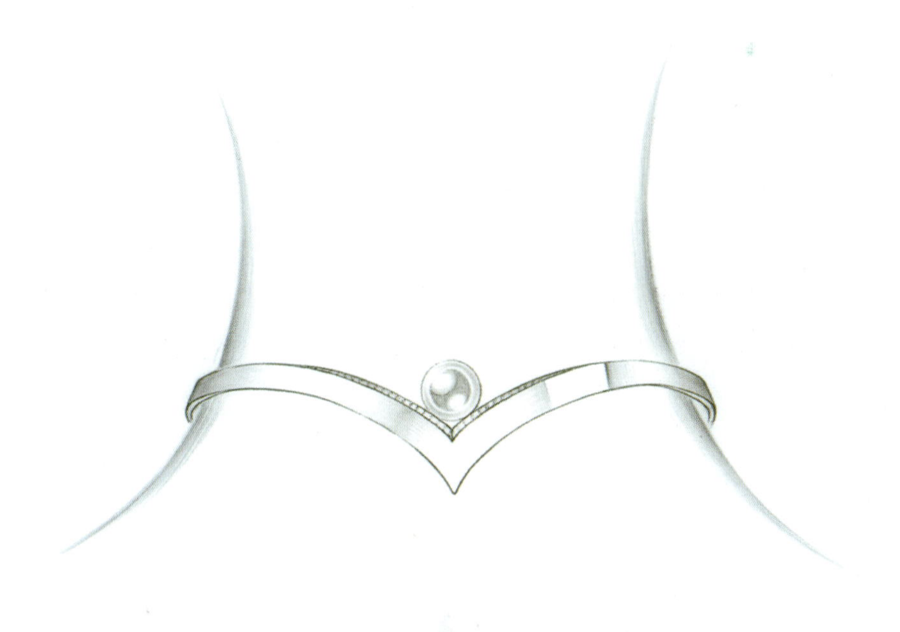

《无题》作品背面图

2009 年“中饰杯”珠宝设计大赛入围奖作品《长城》(设计师:潘焱)

2009 年“中饰杯”珠宝设计大赛入围奖作品《中国心》(设计师:潘焱)

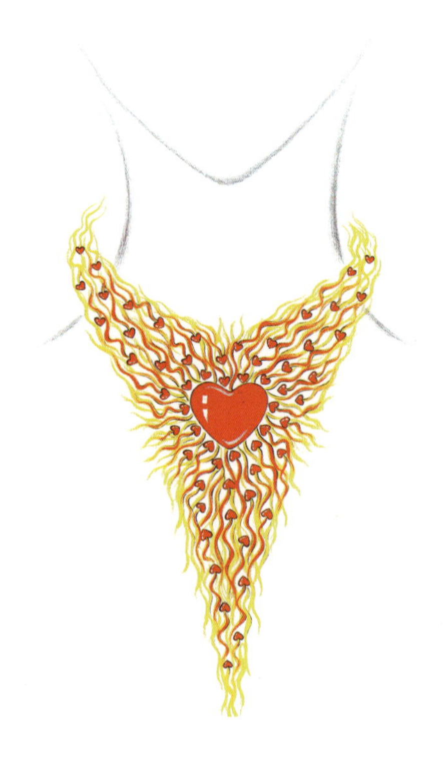

2010年"宝亨达"国际铂金文化创意大赛优秀奖作品《骨感美》(设计师:潘焱)

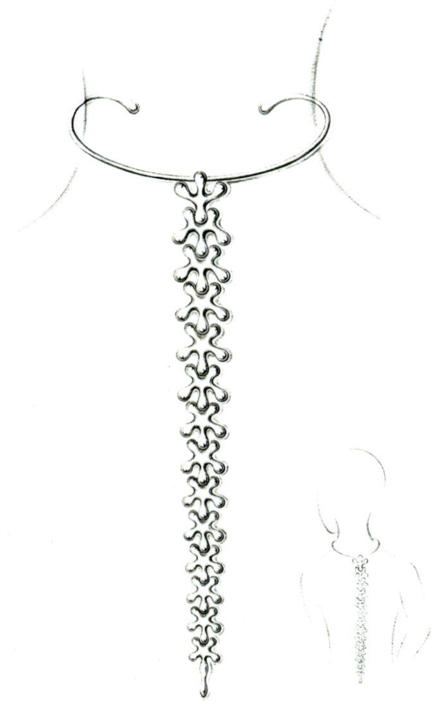

2006年第四届"金都杯"首饰设计比赛入围奖作品《团圆》(设计师:潘焱)

2010 年 CHINA 国际珠宝设计大赛优秀奖作品《太极戒》(设计师：潘焱)

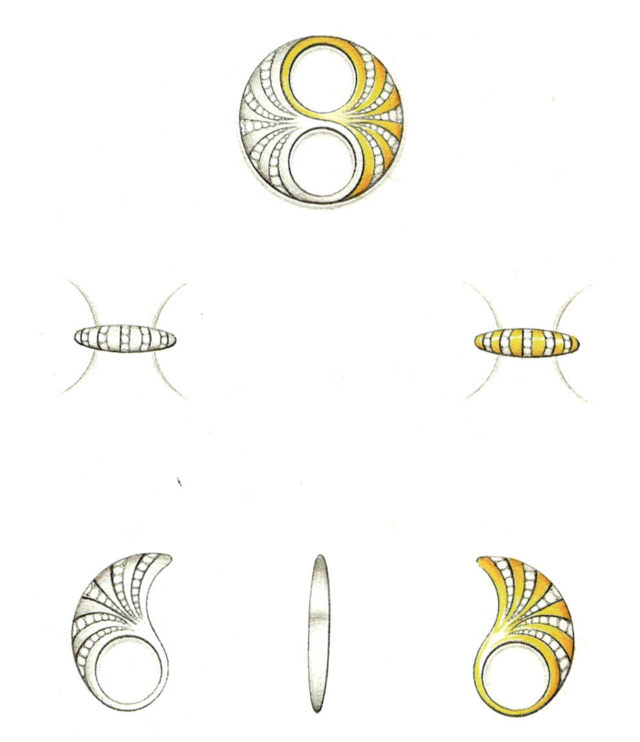

2011 年第八届国际南洋珠首饰设计大赛金奖作品《衡》(设计师：潘焱)

2010年香港最受买家欢迎首饰设计大赛冠军作品《繁花似锦》(设计师:潘焱)

2007年第一届先锋奖国际创意设计大赛优秀奖作品《幸福摩天轮》(设计师:潘焱)

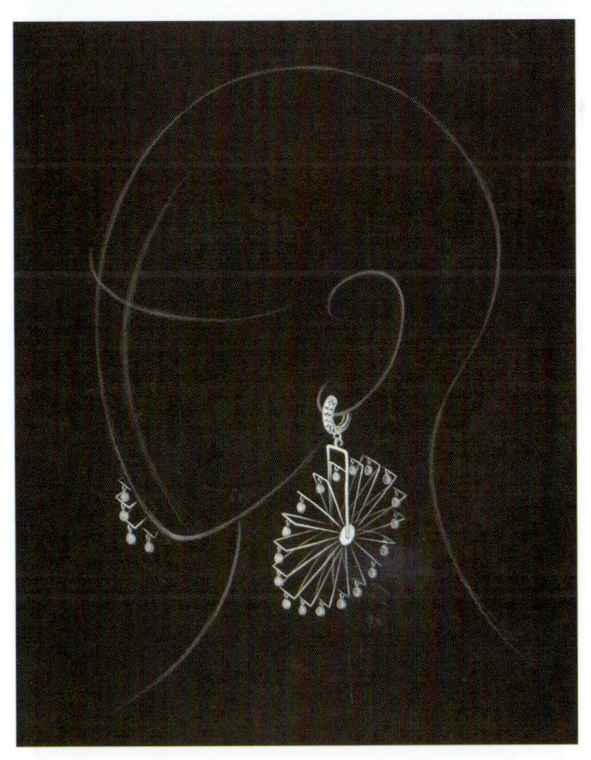

设计理念:每当我看到摩天轮就会有幸福浪漫的感觉,仿佛有一阵阵的欢声笑语,在耳边回味无穷……

2010年香港最受买家欢迎首饰设计大赛入围奖作品《乱之舞》(设计师:潘焱)

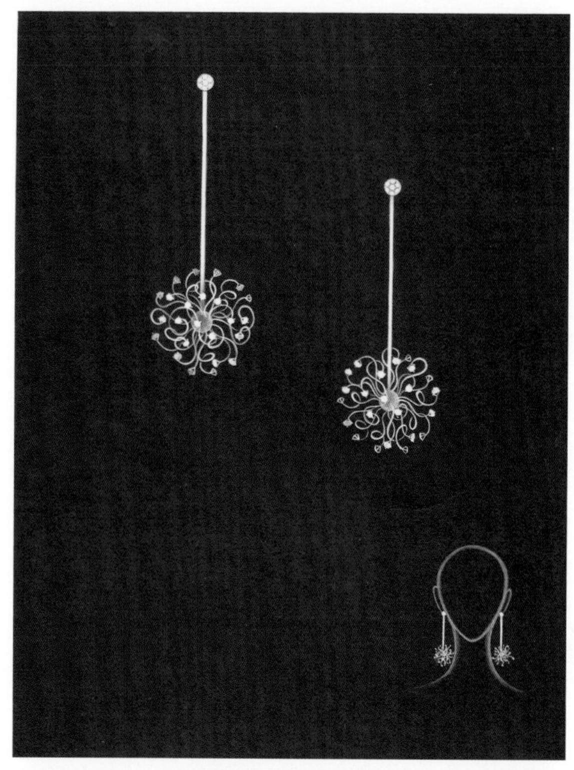

2013年第二届意彩石光彩色宝石创意大赛获奖作品《晶莹璀璨》(设计师:潘焱)

2010年“宝亨达”国际铂金文化创意大赛获奖作品《源》(设计师:潘焱)

设计理念:“水,生命之源”是我创作的灵感。用铂金去演绎水的自然灵动之美,晶莹的水滴自然而优美地流动着,将水的灵动和铂金的纯净完美地融合,赋予此作品鲜活的生命力,完美地展现了水和铂金那纯净、稀有和永恒的独特气质。

2003年E.F.D都市魔方钻饰设计大赛获奖作品《拼图》(设计师:李慧梅)

设计理念:自然的灵光美妙地融于绚丽,变幻的方形拼图将被都市禁锢的心灵重新放归自然。

2010年CHINA国际珠宝设计大赛获奖作品《双鱼八卦图——幸福》(设计师:李慧梅)

设计理念:双鱼八卦图代表了设计者对宇宙的和谐、对称、平衡、循环、稳定等原理的深刻思考。两条阴阳鱼则代表了宇宙中两种相互对立的力量,可以是火与水、昼与夜、黑暗与光明、建设与破坏、男与女、主动与被动、热与冷、正与负等,但它们最终都是统一和谐而存在的。作品富有中国传统文化思想,又融入了哲学原理。通过镂空式的设计,展示出作品活泼动感的一面,增添了生活情趣,极具人文浪漫情怀。

2008年CHINA国际珠宝设计大赛三等奖作品《鸟巢》(设计师:潘焱)

设计理念:"鸟巢"是2008年奥运会的标志性建筑,它不仅在世界建筑史具有开创性意义,也将为21世纪的中国和世界的建筑发展提供历史见证。它那前所未有的独创性空间效果深深地吸引着我创作这件作品。我将其融入设计理念,创作出一件简洁大气而不失典雅高贵的作品。中间星星点点的钻石形容来自世界各地的友人在这里欢聚一堂,共同庆祝人类的一大盛事——2008北京奥运会。

2010 年香港最受买家欢迎首饰设计大赛入围奖作品《乱之舞》(设计师:潘焱)

设计理念:点线无规律的交融创作出的艺术视觉冲击效果来演绎《乱之舞》的意境。

2010 年香港最受买家欢迎首饰设计大赛冠军作品《繁花似锦》

设计理念:金属的光影与钻石的璀璨交相辉映,演绎出繁花似锦的华丽和高贵……

2010年CHINA国际珠宝设计大赛优秀奖作品《太极戒》(设计师:潘焱)

设计理念:作品灵感来源于中华五千年的哲学之源《易经》,它是中国古代哲学的群经之首,而阴阳则是易经中的精髓。"易有太极,始生两仪",自然界中任何事物都包括阴阳两极,用具象的设计思维来演绎"阴阳"(K白代表阴,K黄代表阳)既对立又统一的自然规律。阴中有阳,阳中带阴,是阴阳之间的自然规律。希望借此作品来弘扬和传承中华五千年智慧的结晶并将其发扬光大……

2011年第八届国际南洋珠首饰设计大赛金奖作品《衡》(设计师:潘焱)

设计理念:只要我们都能找到心中的平衡点,就能真正领悟到和谐的境界……

2012 年香港足金设计大赛获奖作品《DNA》(设计师：潘焱)

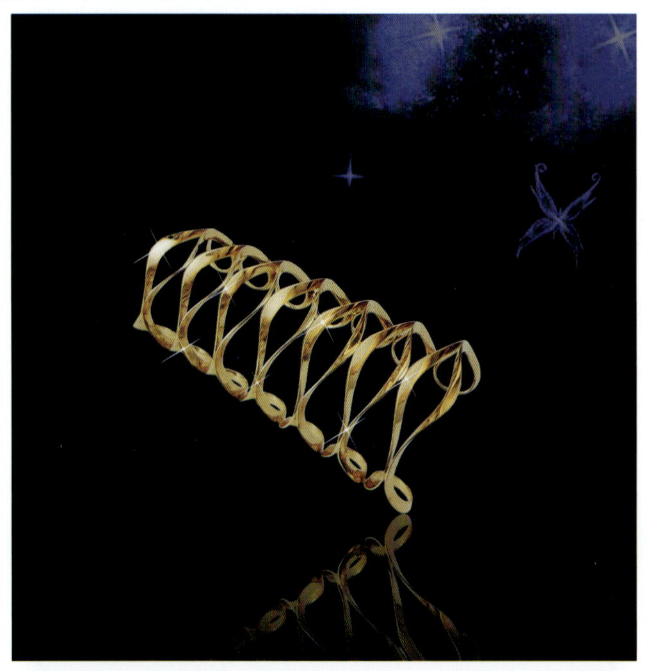

设计理念：简约的波浪线条旋转成立体空间的 DNA 双螺旋体结构，整体造型非常立体大气。通过此作品来高度赞扬遗传基因的神奇和生命的伟大！

2012 年 IU 国际宝石设计大赛获奖作品《生命之树》(设计师：潘焱)

设计理念：树——地球五行元素之一，是人类赖以生存的绿色植物。它孕育了自然界的万物，让世界变的多姿多彩。借此作品来呼吁全人类要爱护环境，尊崇自然。人类只有爱护好我们赖以生存的地球，才能和大自然和谐地生活在一起……

2012 年第三届顺德伦教珠宝创意设计大赛创意奖作品《國韵》(设计师:潘焱)

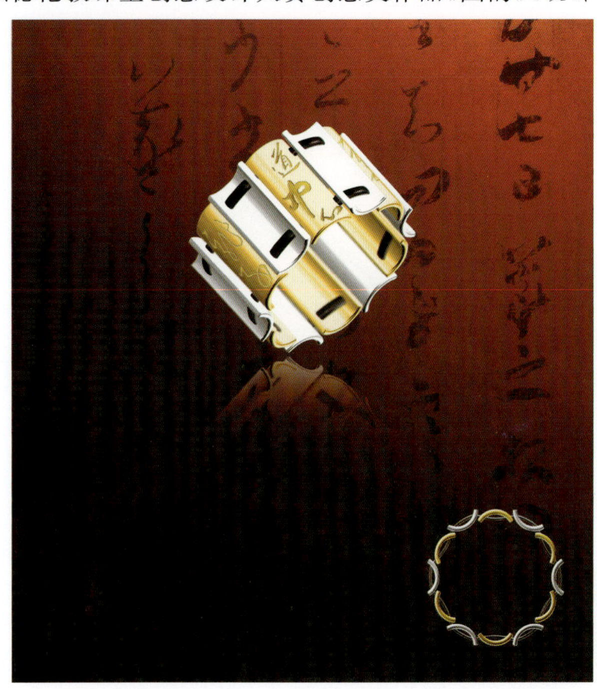

设计理念:竹简——中国古代最早的书籍,对中国文化的传播起到了至关重要的作用。它那独特的造型吸引着我创作这件作品。简约时尚又富有浓郁的民族特色充分体现了中华民族文化的博大精深。

2013 年第八届中国黄金首饰设计大赛获奖作品《围巾》(设计师:潘焱)

设计理念:此作品是一条黄金围巾。它是以中国竹节为设计元素。独特的结构造型结合人性化设计使得整条围巾都非常的柔软贴身,佩戴非常的舒适。黄金的特质和竹节的元素使整件作品更加华丽而优雅,让寒冷的冬季增添了不少的温暖和喜庆。

2013年第八届中国黄金首饰设计大赛获奖作品《双喜临门》(设计师:潘焱)

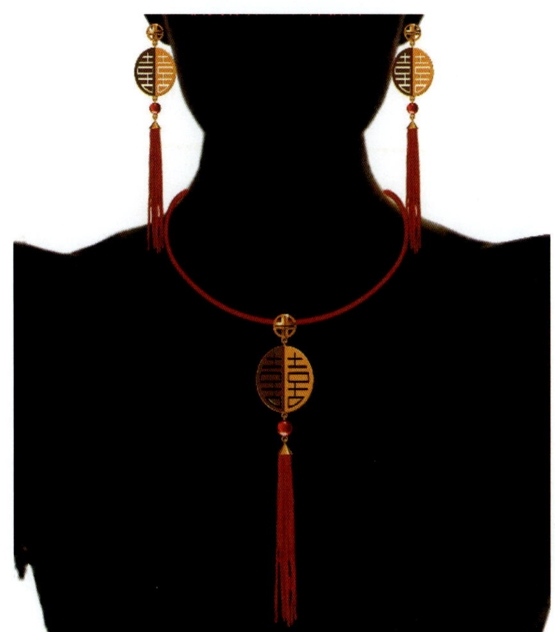

设计理念:作品灵感来源于中国喜庆文化中最常用的祝福语"双喜临门"。将这美好的祝福语用现代设计手法来演绎,简洁而又立体的造型结合双喜元素,让平面的"喜"字立体化,将传统的喜庆元素时尚化,是当今中国最受欢迎的设计风格之一。

时尚中国——2012年CCTV彩宝首饰设计大赛获奖作品《梦幻精灵》(设计师:潘焱)

设计理念:作品灵感来源于童话世界里的小精灵。将童话世界里那唯美浪漫般的梦幻意境融入到珠宝中,用珠宝的艺术语言来演绎童话般的梦幻世界。婀娜多姿般身段的小精灵煽动着小翅膀在花丛中翩翩起舞,色彩缤纷的宝石化身成美丽的花儿围绕着小精灵漫天飞舞。这个唯美而浪漫的情景让人情不自禁地向往那充满着生机而又美丽的梦幻世界……

第六章

珠宝材质手绘作品赏析

手绘图能体现设计师的灵性和个人风格。

手绘对于一个优秀的设计师来说十分重要，它可以在短时间内将设计师的创意表达出来，而一个好的设计师又很善于运用手绘来表达自己的设计理念。一个好的手绘表达是一个优秀设计的开始。当然不是说好的手绘图就是漂亮的手绘预想图，有时候手绘可能是简单笨拙的笔触，但也能将自己的设计理念表达的淋漓尽致。好的手绘是将设计师的创意想法很快表达出来的一种方式。

好的手绘可以完整地表达出设计师的理念，而不是简单的效果图。作为在校的大学生，学好手绘很关键，但更关键的是找到一种属于自己的表达方式。手绘不但可以帮助设计师快速地表达出自己的想法，而且可以通过线条的调整去快速把握设计的一个整体的调性。设计的调性对一个优秀的设计很重要。手绘能够通过简单的线条调整，达到快速有效地解决设计整体协调性和比例线条的目的。

下面以两个案例来演示珠宝效果图的绘画创作流程。

一、珍珠女戒三视图的画法

(1)首先用自动铅笔在纸上定好位构好图，然后大致勾勒出戒指的三视图大体轮廓，确定草稿轮廓成型。

(2)第二步就是画出戒指的大体的阴影效果和珍珠的明暗交界线，留好高光和反光面，注意保持三视图之间比例和结构关系。

(3)接着就是进步一步细部刻画三视图戒指的阴影效果，珍珠的色彩底色的描绘使其更富光彩。

(4)最后就是把戒指那波浪形金属质感面刻画的更加立体逼真，并用粉红色彩铅勾画珍珠光影效果，使其更加逼真、有光彩。

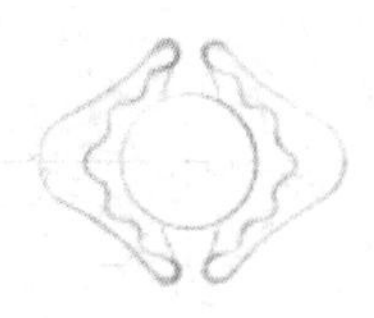

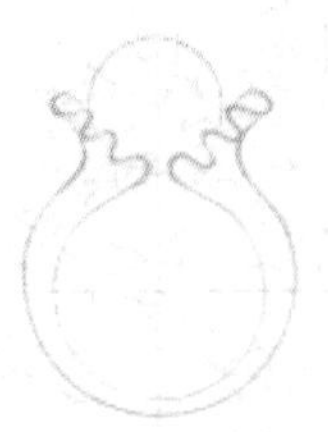

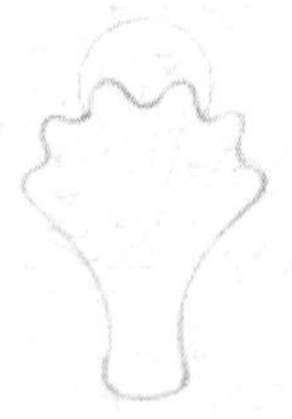

(1)

(2)

(3)

(4)

二、珍珠女戒立体图的画法

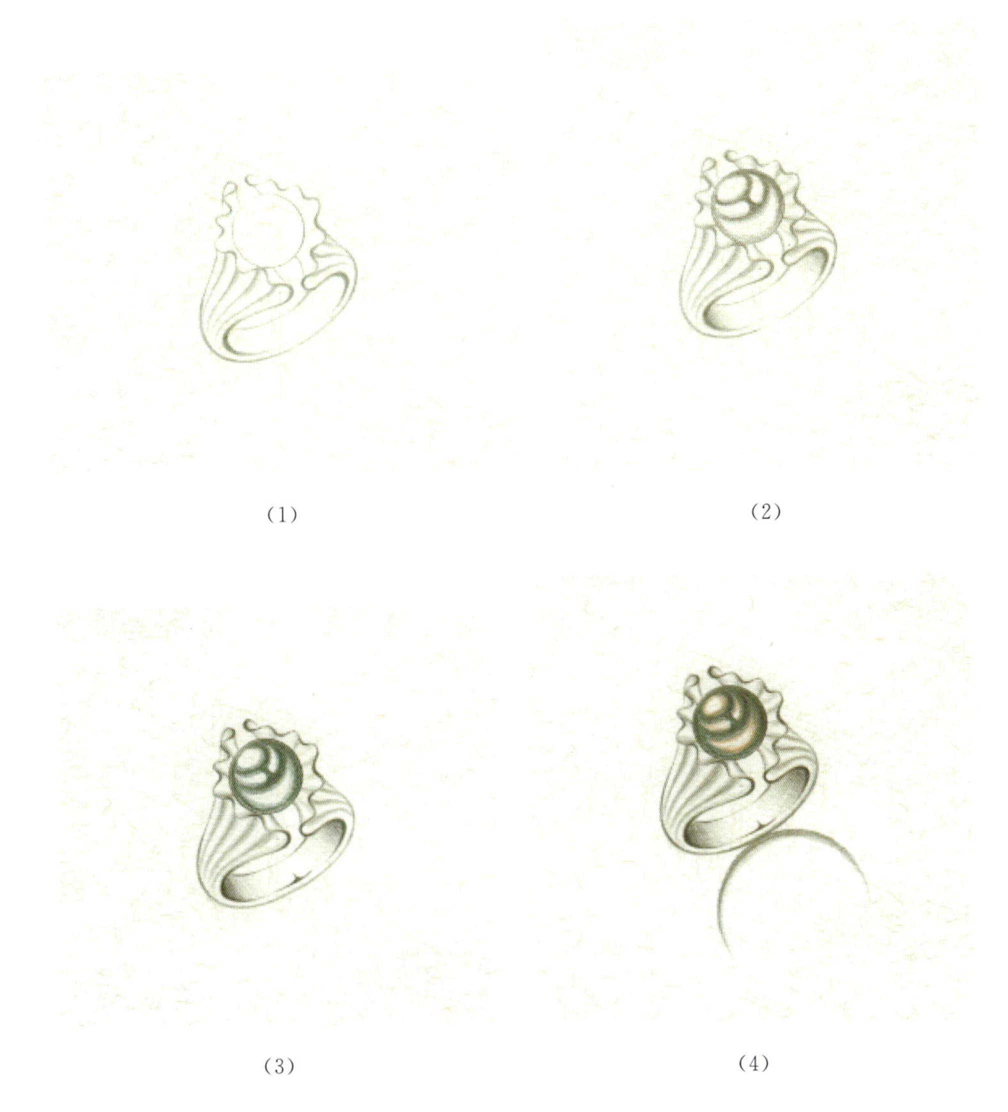

(1)　　　　(2)

(3)　　　　(4)

(1)首先用直径为0.3mm的自动铅笔在纸上定好位构好图，然后大致勾勒出戒指的立体大体轮廓，确定草图轮廓成形。

(2)然后勾画出戒指的立体大体透视感觉和珍珠的明暗交界线，留好高光和反光面。

(3)接着进一步细部刻画戒指的阴影效果和整体的透视感，珍珠的色彩底色的描绘使其更富光彩。

(4)最后把戒指那波浪形金属质感面刻画得更加立体，同时用粉红色彩铅勾画珍珠光影效果，使其更加逼真、有光彩。

三、珍珠首饰精美手绘效果图稿赏析

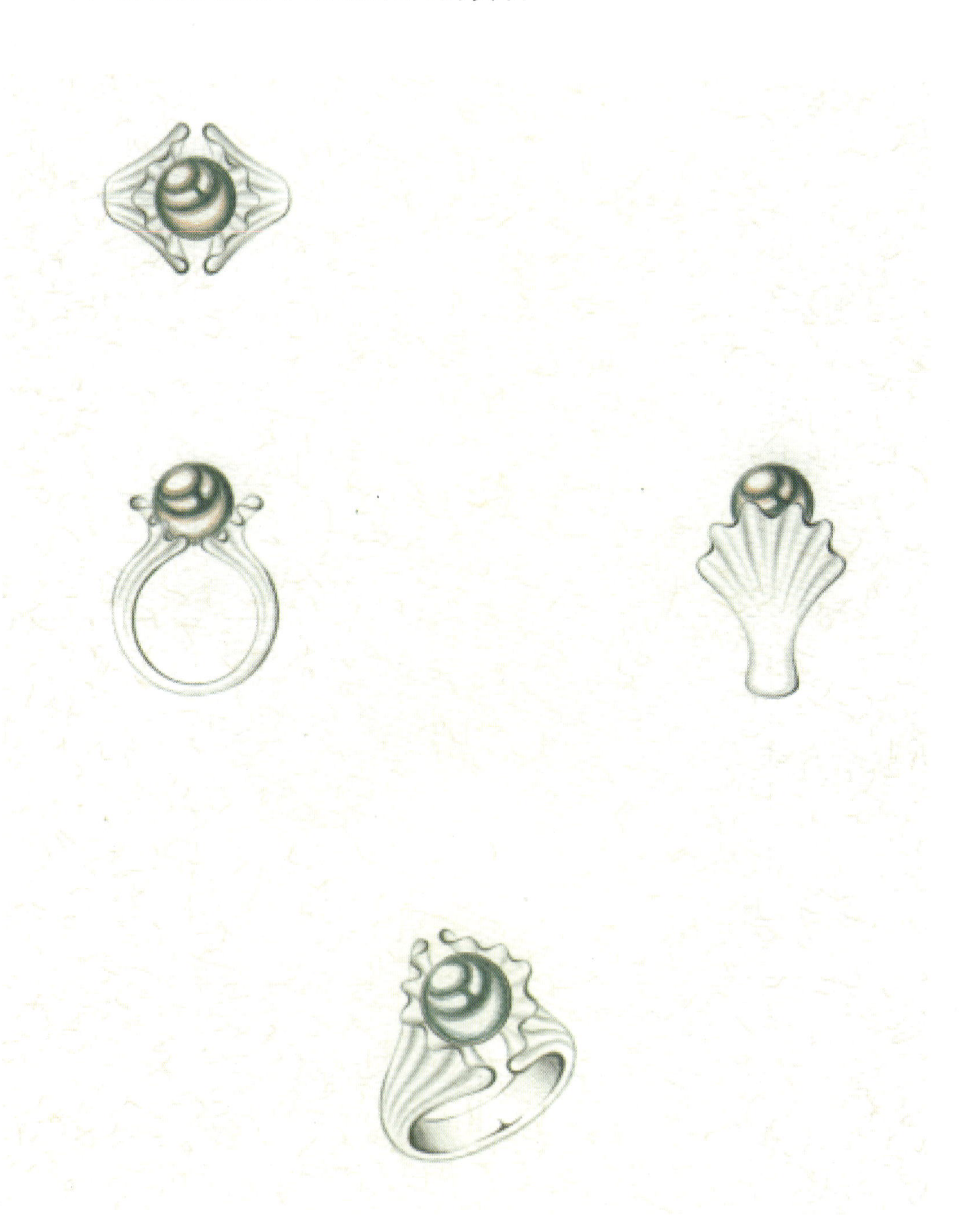

四、珠宝首饰材质手绘作品赏析

1. 黄金首饰手绘作品赏析

黄金戒指

黄金套链

2. 钻石首饰手绘作品赏析

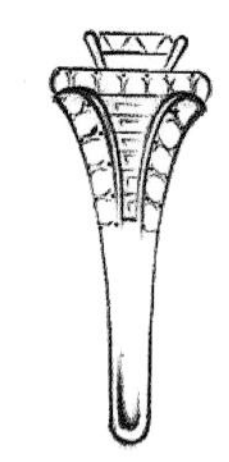

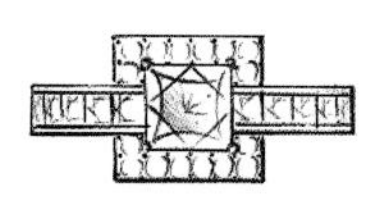

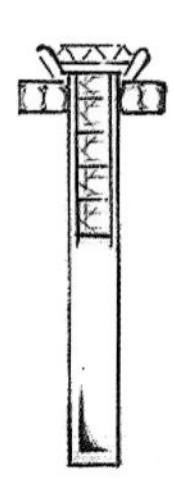

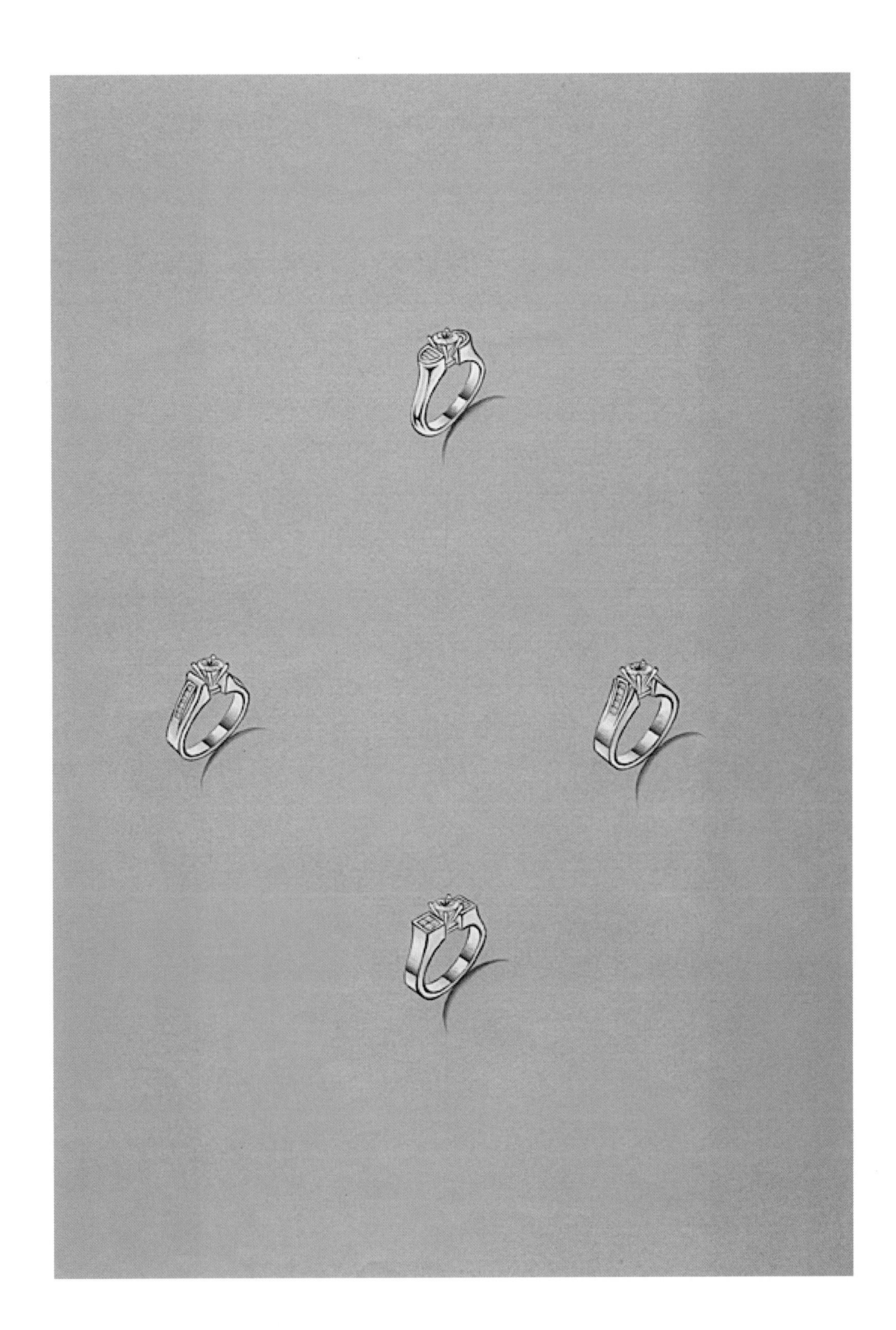

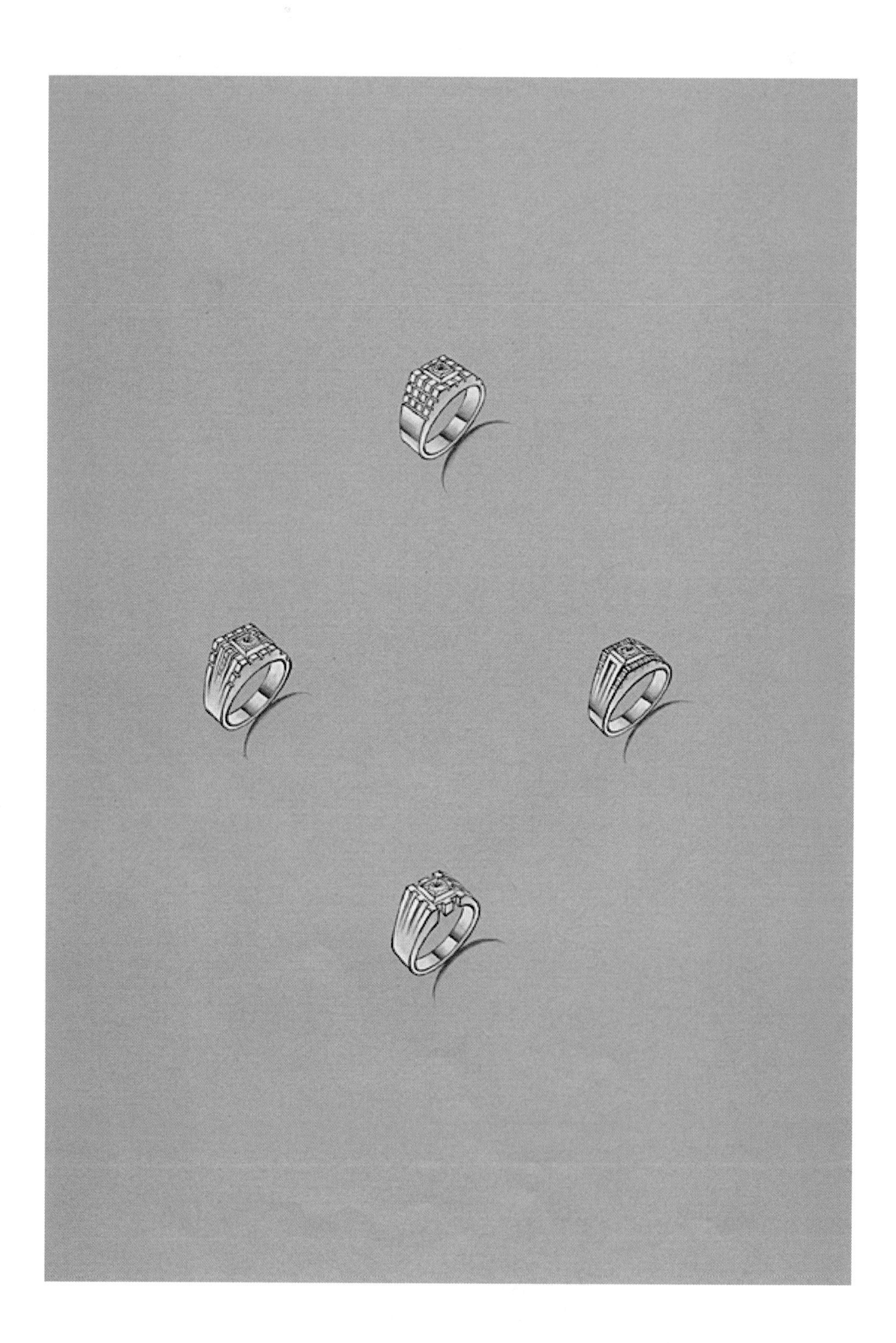

五、彩宝首饰手绘作品赏析

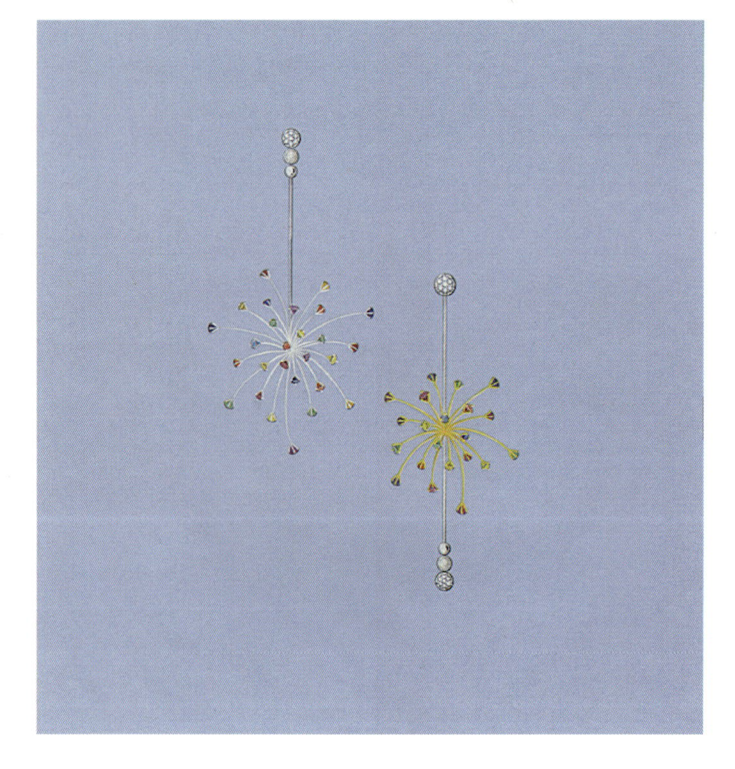

六、和田玉手绘作品赏析

《龙凤呈祥》(设计师:胡文方)

七、翡翠首饰手绘作品赏析

八、珍珠首饰手绘作品赏析

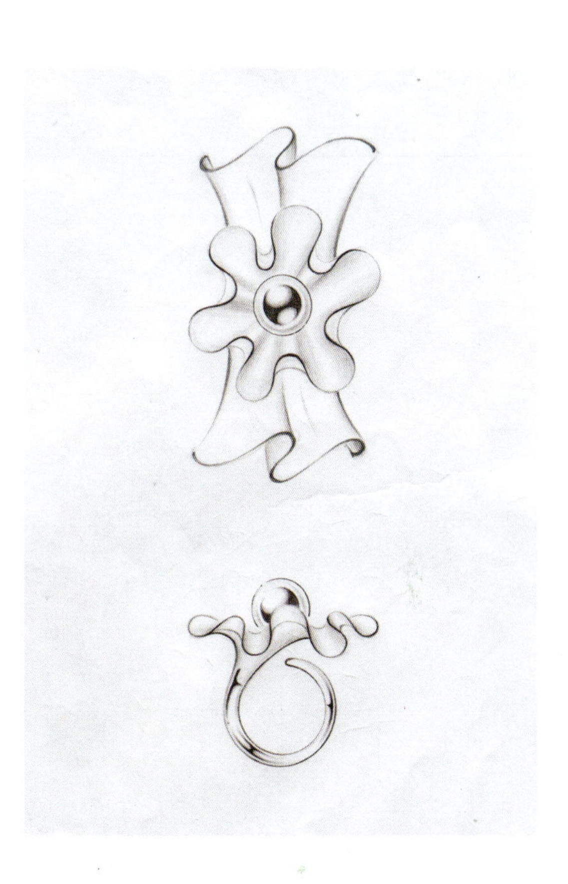

九、综合材质手绘作品赏析

Simon

Simon

第七章

中国优秀设计师原创手稿作品赏析

1. 如何成为一名优秀的设计师

首先，设计师是一个富有挑战性的职业，它不但需要我们不断地创新，而且还需要我们有基本的理论知识和良好的艺术修养。一名好的设计师必定是一个博学且很有修养的人。只有个人的品味得到提升，才能成为一名更优秀的设计师，进而设计出更优秀的作品。

其次，需要对设计这个职业充满激情，激情可以让设计师随时产生独特的创意。

再有，一名优秀的设计师要善于收集和接触新的设计作品，不断更新自己头脑中的设计储备。然后通过不断地积累，将一些优秀的设计与自己的设计相结合。

最后，交流也是激发设计灵感的一种很好的办法。在与不同人群的交流中，我们会收集和体会到更多的信息，这些信息很有可能会成为我们今后设计的创意来源。所以说要多交流，交流可以碰撞出灵感的火花。

2. 设计不是孤立存在的

很多同学在学习过程中很容易只接触自己的学科，而忽视了对其他专业的学习。一名优秀的设计师是很多学科的综合体。举例来说，一位珠宝设计师不仅仅只是看珠宝设计中的优秀案例，有时候也需要去借鉴最新的建筑流行趋势、平面色彩流行趋势、服装流行趋势来审视自己的设计作品，通过各个设计行业的流行趋势来把握和创造自己专业的流行趋势。好的设计师需要去借鉴和吸取已有的优秀设计，从而创造出更新的作品。

3. 把握最新的设计流行趋势

设计是为了不断满足人们需求的一种行业。随着经济的增长，人们对设计的需求日益增加。设计有它本身的趋势，简单地说，设计是为了消费人群而生的行业。在金融危机过后，很多国外的设计师已经发现今后几年最大的消费国很可能就是中国，所以相继出现了很多符合中国人审美观的设计，如法拉利公司刚刚生产的限量版的陶瓷跑车。很多国家的设计公司已经把今后几年的设计方向定位在中国元素上，通过分析中国的古老文化来把握他们的设计趋势。所以，作为我们国内的设计师以及即将走上设计道路的学生们，在自己作品中继承和发扬中国的古老文化显得尤为重要。我们的继承不是单纯的模仿，而是通过在继承前人文明的基础上创作出新的设计。

4. 如何练好手绘

这个可能是现在的学生一个很困惑的问题。其实方法也很简单。

第一步，我们需要多去临摹一些优秀的设计草图。优秀的画家也都是从临摹这一步开始的。学生阶段临摹是一个能够快速提升手绘技法的好方法，从而在临摹中寻找属于自己的手绘表达方式。

第二步，坚持每天练习，就是一个量的积累，有了量的积累才会得到质的飞跃。可能每天只有 10 分钟的简单练习，但只要坚持下来，一个月或者一年后，你会发现，画草图的感觉会有很大程度的进步。

第三步，通过大量的手绘练习，我们的手绘不仅能得到不断的提升，更重要的是能在手绘过程中体会到一种自信的感觉。好的手绘图能够通过一根线条来看出设计师的自信程度。自信对一个设计师来说是十分重要的。

设计师优秀原创手稿作品赏析

所有伟大的艺术家都是从临摹学习开始。

(设计师：潘焱)

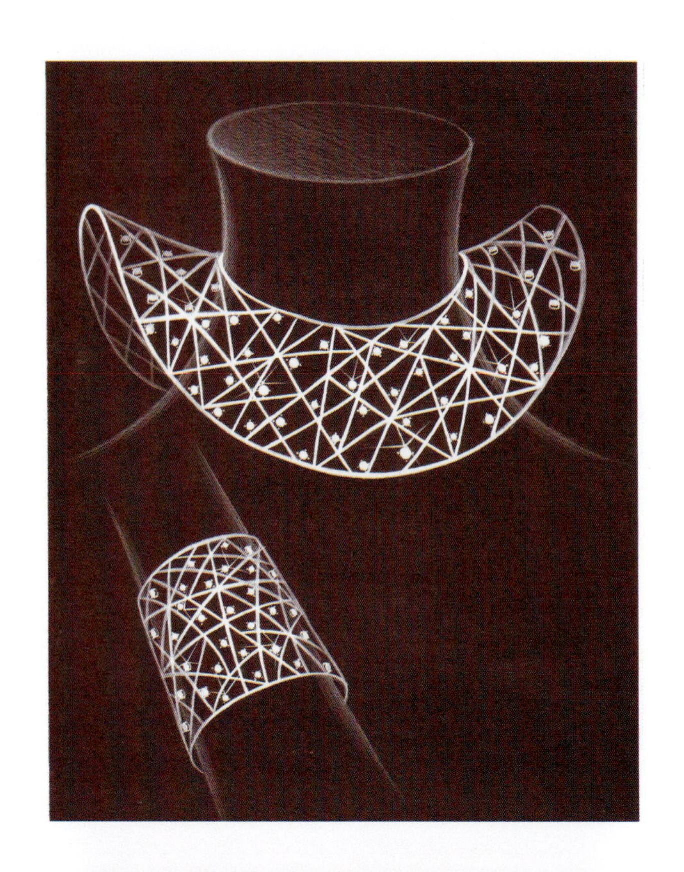

（设计师：李慧梅）

（设计师：丁磊）

（设计师：李琪璇）

《根的情意》

设计理念：作品灵感来源于树根，根是树木吸收养分赖以生存的重要组成部分。人的成长同样也需要根的支撑，父母的养育、家人的爱护、亲朋好友的关爱与支持以及社会上许许多多的大爱等都是我们赖以成长的根，此作品通过树根的独特造型结合红色宝石以及钻石，表达了我们心中对根的情意。

《母爱》

设计理念:我们每一个人从出生的那一刻起,母亲的乳汁就一直孕育着我们茁壮成长。此作品以乳房的结构为题材,条状的18K黄金犹如母亲的输乳管道,永远系着儿女的命脉,垂吊的水滴形宝石代表着乳汁,通过乳房流滴出来的乳汁表达了心中无私的伟大的母爱!

《08奥运·印象》

设计理念:作品以2008年北京奥运会标志性建筑之一的水立方为元素,通过水立方的雄姿展现了人类伟大智慧的结晶,同时也体现了绿色、科技、人文的奥运理念。

（设计师：揭英娇）

《亭亭玉立》

设计理念：灵感源自于明·张岱《公祭祁夫人文》："一女英迈出群，亭亭玉立。"

（设计师：刘彬）

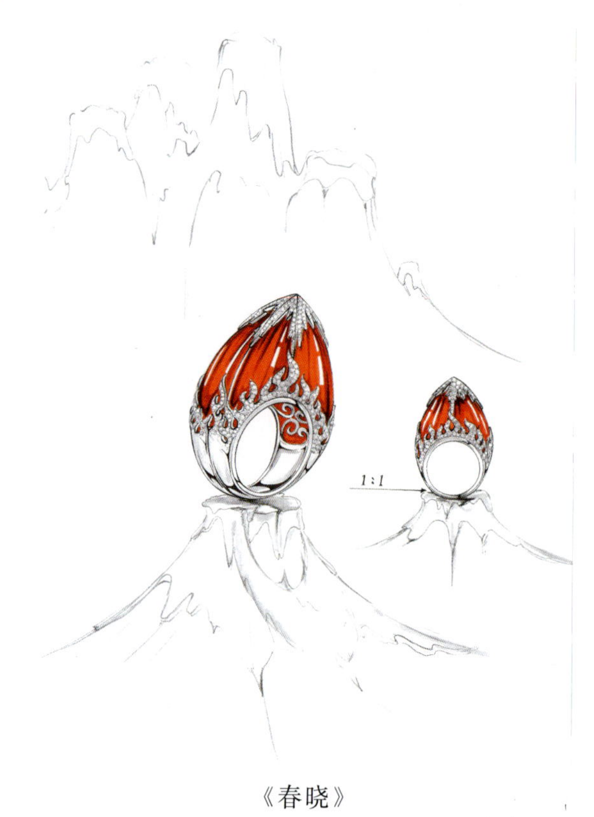

《春晓》

（设计师：谢琼华）

（设计师：杨克坚）

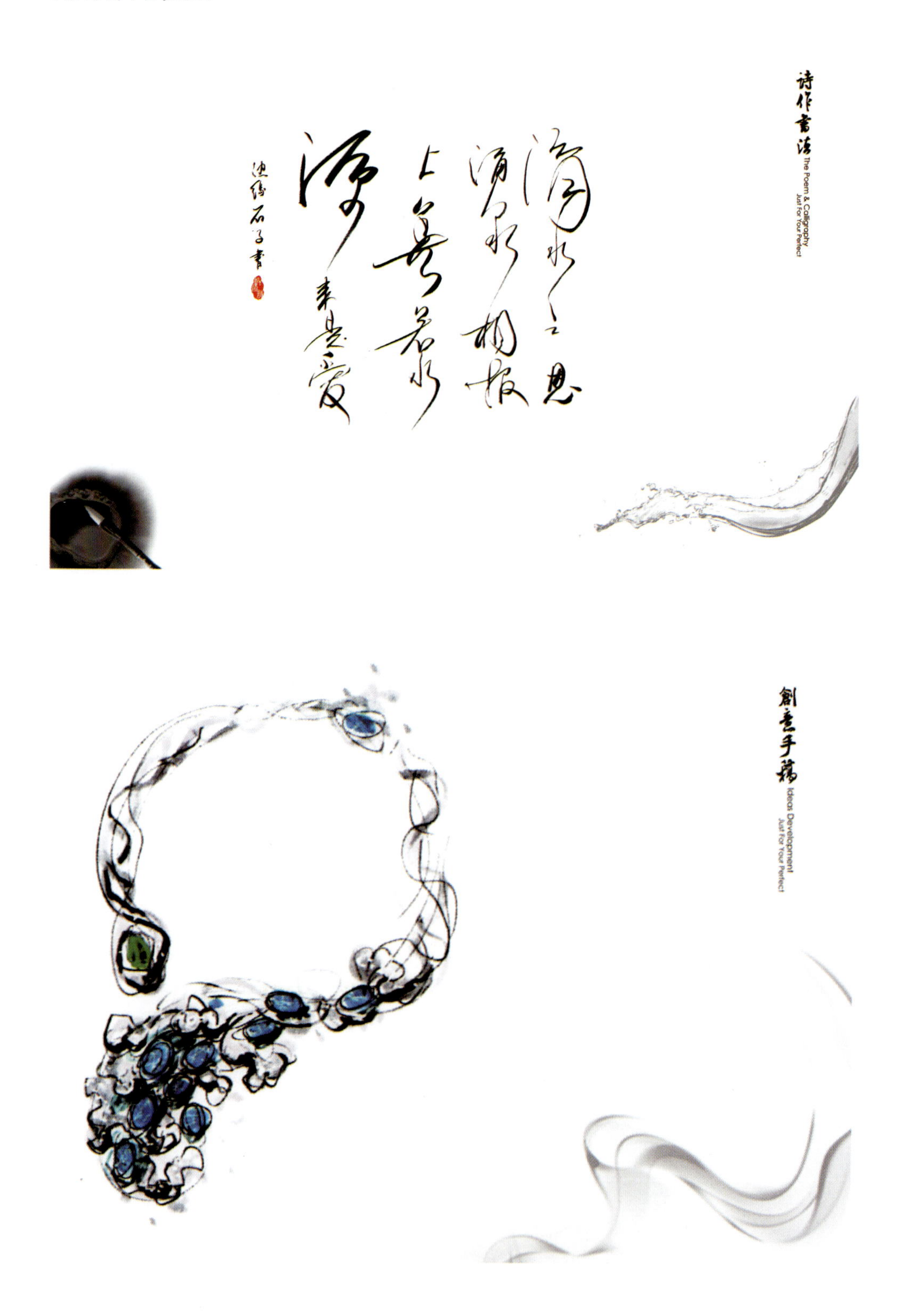

诗作書法
The Poem & Calligraphy
Just For Your Perfect
創意手稿
Ideas Development
Just For Your Perfect

源·爱
SOURCE OF LOVE

作品說明:

藍色，代表著深邃的天空，博大的海洋，奔騰的河流，生生不息的源泉…
綠色，代表著生命與愛的顏色，綠光透射的希望之光，春意盎然，生機萬象…
大環鏈的設計傳承色澤濃藍清澈的藍寶石和翠綠高雅的祖母綠寶石，最典型的祖母綠切割手法，抽象的充滿女人的神韻貫穿于行雲流水的源泉當中，璀璨閃爍的鑽石猶如嬉戲奔騰的浪花跳躍其中，令作品在稀中散發著無限靈動縹緲的氣息，表達了"滴水之恩，涌泉相報；上善若水，源泉是愛"的生命哲學。

MATERIALS AND PROCESSES
材料與工藝

MATERIAL 材料	TECHNOLOGY 工藝	REMARK 備注
藍寶石	巴西祖母綠切工，圓形	13pcs
祖母綠	祖母綠切工，梨形	1pcs
鑽石	白色，圓形	
G18K	電白，電黑	

COLOUR COMBINATION
色彩組合

GREEN	BLUE	BLACK	WHITE

作品展示
The Work
Just For Your Perfect

源·爱
SOURCE OF LOVE

作品說明:

綠色，代表著生命與希望的顏色，綠光透射的華麗情緒，春意盎然，生機萬象…
戒指，耳環配套項鏈的設計傳承色澤濃藍清澈的藍寶石和翠綠高雅的祖母綠寶石，最典型的祖母綠切割手法，抽象的人的神韻貫穿于行雲流水的源泉當中，璀璨閃爍的鑽石猶如滴動的浪花跳躍其中，令作品在稀中散發著無限靈動縹緲的氣息，表達了"滴水之恩，涌泉相報；上善若水，源泉是愛"的生命哲學。

MATERIALS AND PROCESSES
材料與工藝

MATERIAL 材料	TECHNOLOGY 工藝	REMARK 備注
藍寶石	巴西祖母綠切工，橢圓形	2pcs
祖母綠	祖母綠切工，橢圓形	2pcs
鑽石	白色，圓形	
G18K	電白，電黑	

COLOUR COMBINATION
色彩組合

GREEN	BLUE	BLACK	WHITE

作品展示
The Work
Just For Your Perfect

《无题》

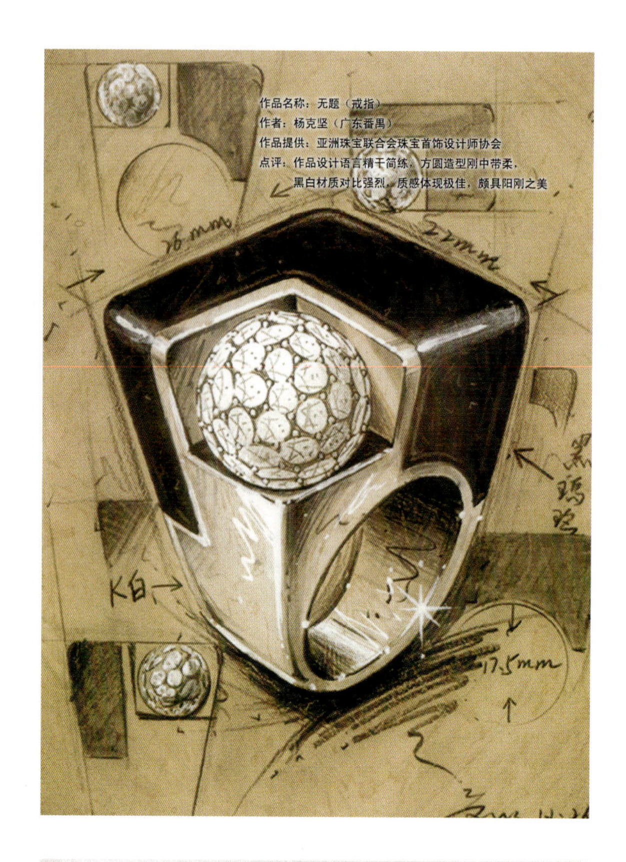

作品名称：无题（戒指）
作者：杨克坚（广东番禺）
作品提供：亚洲珠宝联合会珠宝首饰设计师协会
点评：作品设计语言精干简练，方圆造型刚中带柔，
黑白材质对比强烈，质感体现极佳，颇具阳刚之美

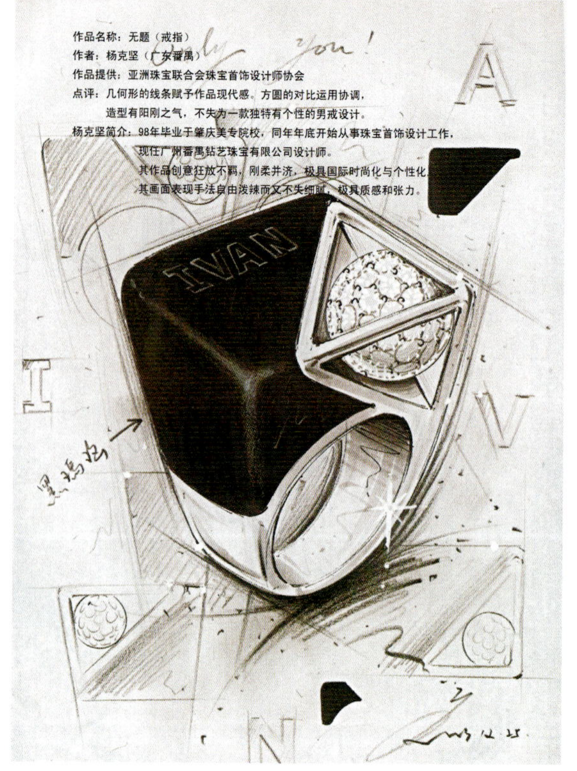

作品名称：无题（戒指）
作者：杨克坚（广东番禺）
作品提供：亚洲珠宝联合会珠宝首饰设计师协会
点评：几何形的线条赋予作品现代感。方圆的对比运用协调，
造型有阳刚之气，不失为一款独特有个性的男戒设计。
杨克坚简介：98年毕业于肇庆美专院校，同年年底开始从事珠宝首饰设计工作，
现任广州番禺钻艺珠宝有限公司设计师。
其作品创意狂放不羁，刚柔并济，极具国际时尚化与个性化。
其画面表现手法自由泼辣而又不失细腻，极具质感和张力。